実践 インフラ資産の アセットマネジメントの 方法

編著　小林潔司　田村敬一
著者　大島都江　河野広隆　江尻　良
　　　貝戸清之　湯山茂徳　坂井康人
　　　青木一也　藤木　修　大津宏康

理工図書

まえがき

　我が国の道路等のインフラ資産の多くは高度経済成長期に集中的に整備されたため，今後，構造物の老朽化が急速に進行し，補修や更新の増加が見込まれる。このため，計画的な点検，補修，更新等を通じ，ライフサイクル費用縮減を目指した取組みが一部では始まっているものの，インフラ資産全般について持続可能なマネジメントの仕組みが構築されるまでには至っていない。限られた財源や資金の下で，行政や企業がインフラ資産を持続的に活用し，このような厳しい状況の中，安全・安心で豊かな生活を守っていくためには，従来のともすると個別のメンテナンス技術に偏重したマネジメント手法ではなく，より幅広い観点からのアセットマネジメントを提案し，実践していくことが求められている。一般財団法人　国土技術研究センターでは，上述したような背景を踏まえ，2013年4月に京都大学経営管理大学院に道路アセットマネジメント政策講座（寄附講座）を設置した。

　この度，道路アセットマネジメント政策講座が中心となり，インフラ資産のアセットマネジメントをテーマとする本書を企画・出版されたことは誠に時宜にかなうものである。国内では，インフラ資産の老朽化に警鐘が鳴らされ，その本格的な対策に乗り出したところである。関係法令が改正され，国と地方の連携の場が設けられた。また，国際的には，アセットマネジメントに関する国際規格であるISO55000シリーズが2014年1月に発行され，今後，海外に加えて国内でもアセットマネジメント分野におけるISO認証の普及が期待されている。

　アセットマネジメントは，工学に限らず，経済学や経営学を含めた総合的なマネジメント技術であるところに特徴がある。本書は，構造物の点検・モニタリング，劣化予測と診断，補修・補強といった個別の要素技術に重点を置いた従来の書籍とは異なり，総合的なマネジメント技術であるアセットマネジメン

まえがき

ト全体を俯瞰し，体系的に解説するものである．本書では，まず，アセットマネジメントの基本やISO55000シリーズ，また，世界各国におけるアセットマネジメントの現況について述べられた後，アセットの整理，インフラ会計，リスク評価，サービス水準の設定，PDCAと継続的改善等のアセットマネジメントを支援する種々のマネジメント技術について解説されている．さらに，舗装，橋梁，下水道及び斜面・土工構造物を対象として，実際のアセットマネジメントにおいて用いられているアセットマネジメントシステムやアセットマネジメント情報システムについて紹介されている．

本書がインフラ資産のアセットマネジメントや維持管理に携わっている行政機関や民間企業の実務者・研究者，また，これからアセットマネジメントについて学ばれようとする初学者にとってご参考となることを願うものである．

2015年10月

一般財団法人　国土技術研究センター

理事長　谷口博昭

目　次

まえがき

第1章　アセットマネジメント …………………………… 1
1.1　はじめに ………………………………………………… 1
1.2　アセットマネジメントの導入と課題 ………………… 4
　1.2.1　アセットマネジメントシステム ………………… 4
　1.2.2　ライフサイクル費用とアセットマネジメント … 7
　1.2.3　アセットマネジメントシステムの構成 ………… 8
1.3　アセットマネジメントのガバナンス ………………… 8
　1.3.1　企業におけるマネジメントのガバナンス ……… 8
　1.3.2　行政におけるマネジメントのガバナンス ………10
　1.3.3　ISO55001の役割 …………………………………12
　1.3.4　我が国におけるアセットマネジメントの課題 …14
1.4　本書の構成 ………………………………………………16

第2章　ISO55000シリーズとアセットマネジメント ………19
2.1　はじめに …………………………………………………19
2.2　ISO55000シリーズの策定経緯 ………………………20
2.3　ISOによるアセットマネジメントの基本 ……………22
　2.3.1　アセットマネジメントに関する定義……………22
　2.3.2　ISO55000シリーズの基本 ………………………24
2.4　ISOによるアセットマネジメント ……………………25
　2.4.1　アセットマネジメントシステム…………………25

iii

2.4.2　要求事項……27
2.5　おわりに……33

第3章　アセットマネジメントの国際比較……35
3.1　はじめに……35
3.2　アセットマネジメントの国際標準化……35
3.3　PMSの国際デファクト標準化……36
3.3.1　PMSとCOTSモデル……36
3.3.2　PMS導入の取組み（ベトナムの事例）……41
3.3.3　国際標準化競争に向けて……43
3.4　アセットマネジメントと維持管理契約……44
3.4.1　近年の維持管理契約の概観……44
3.4.2　維持管理の契約形態……45
3.4.3　各国における事例……48
3.4.4　ISOと包括的維持管理契約……50

第4章　アセットの整理……53
4.1　資産の状況把握……53
4.1.1　基本情報……53
4.1.2　資産の階層化と維持管理の単位……55
4.2　データベース……56
4.2.1　データベースの必要性……56
4.2.2　データベースの導入戦略……58
4.2.3　データベースの運用と課題……60
4.3　ビッグデータの活用……61
4.3.1　アセットマネジメントにおけるビッグデータの役割……61
4.3.2　ビッグデータの種類と活用……63
4.3.3　ビッグデータの活用事例……65

4.4 おわりに ··66

第5章 状態監視，故障・劣化モードと健全性評価 ················69
5.1 状態監視 ···69
  5.1.1 点検の手法と頻度···69
  5.1.2 モニタリング··71
5.2 故障・劣化モード ···72
  5.2.1 故障・劣化モードの多様性··72
  5.2.2 インフラ資産の劣化モード··73
  5.2.3 劣化原因の推定··75
  5.2.4 劣化進行パターンと維持管理方法の選定·························77
5.3 健全性評価 ···79
  5.3.1 インフラ資産における健全性評価事例····························79
  5.3.2 インフラ資産群の健全性評価······································81
5.4 おわりに ··83

第6章 インフラ会計と資産の耐用年数 ·······························87
6.1 アセットマネジメントとインフラ会計 ·······························87
  6.1.1 インフラ会計の概念···87
  6.1.2 アセットマネジメントにおける資産価値評価····················91
6.2 インフラ資産の会計方式 ···92
  6.2.1 資産評価と会計方式···92
  6.2.2 アセットマネジメントへの適用課題······························95
6.3 耐用年数の基礎概念 ··97
  6.3.1 耐用年数の基礎概念と活用··97
  6.3.2 物理的耐用年数，機能的耐用年数，経済的耐用年数············98
6.4 耐用年数の決定方式 ··99
  6.4.1 基準年数法··99

目　次

　　6.4.2　状態観察法 …………………………………………………… 101
6.5　まとめと課題 ……………………………………………………… 101

第7章　インフラ資産の劣化予測とライフサイクル費用評価 ……… 103
7.1　はじめに ……………………………………………………………… 103
7.2　劣化予測 ……………………………………………………………… 105
　　7.2.1　目視点検と獲得データ ………………………………………… 105
　　7.2.2　マネジメントのための劣化予測 ……………………………… 107
　　7.2.3　マルコフ連鎖モデル …………………………………………… 108
　　7.2.4　期待劣化パスと期待寿命 ……………………………………… 110
7.3　ライフサイクル費用評価 …………………………………………… 111
　　7.3.1　モデル化の前提 ………………………………………………… 111
　　7.3.2　補修行列と費用ベクトル ……………………………………… 111
　　7.3.3　マルコフ決定モデル …………………………………………… 112
　　7.3.4　ライフサイクル費用評価と最適補修施策 …………………… 114
7.4　おわりに ……………………………………………………………… 116

第8章　リスク評価 ……………………………………………………… 119
8.1　はじめに ……………………………………………………………… 119
8.2　リスクとは …………………………………………………………… 121
8.3　リスクマネジメント ………………………………………………… 121
8.4　リスクの工学的評価 ………………………………………………… 123
　　8.4.1　工学的リスクの定義 …………………………………………… 123
　　8.4.2　故障発生パターン ……………………………………………… 125
　　8.4.3　故障モード ……………………………………………………… 126
　　8.4.4　故障確率（PoF） ……………………………………………… 126
　　8.4.5　評価方法 ………………………………………………………… 128
　　8.4.6　冗長性の導入 …………………………………………………… 131

8.5	適用例	133
	8.5.1 土木構造物	133
	8.5.2 化学プラント	133
	8.5.3 原子力発電プラント	135
8.6	アセットの状態モニタリング	136
8.7	技術者の技量認証	137
8.8	おわりに	138

第9章　サービス水準の設定 … 141

9.1	はじめに	141
9.2	ロジックモデルの構築	143
	9.2.1 ロジックモデルの概要	143
	9.2.2 ロジックモデルの構築	147
	9.2.3 業績評価計画の策定	148
9.3	リスク管理水準の設定	152
	9.3.1 維持管理業務におけるリスクの考え方	152
	9.3.2 リスク管理水準設定の方法	153
	9.3.3 リスク適正化の方法	154
9.4	リスク適正化の事例	156
9.5	おわりに	160

第10章　PDCAサイクルと継続的改善 … 163

10.1	はじめに	163
10.2	アセットマネジメントと内部統制	165
	10.2.1 内部統制論	165
	10.2.2 リスクマネジメントと内部統制構築の必要性	166
	10.2.3 マネジメントサイクルと継続的改善	168
10.3	内部統制を考慮した業務プロセス	172

10.3.1　業務プロセスの前提条件 …………………………………… 172
10.3.2　ロジックモデルに基づく戦略的維持管理 …………………… 173
10.3.3　経営マネジメントとPDCAサイクル ……………………… 176
10.3.4　実施マネジメント ……………………………………………… 178
10.4　おわりに ……………………………………………………………… 180

第11章　適切な投資計画と資金戦略 ………………………………… 183
11.1　アセットマネジメントと投資計画 ………………………………… 183
　11.1.1　投資計画の役割 ………………………………………………… 183
　11.1.2　投資計画の具備すべき条件 …………………………………… 186
11.2　投資計画の策定プロセス …………………………………………… 188
　11.2.1　計画策定プロセス ……………………………………………… 188
　11.2.2　計画案のローリング …………………………………………… 189
11.3　資金戦略 ……………………………………………………………… 190
　11.3.1　資金調達の種類 ………………………………………………… 190
　11.3.2　'Pay as you go' と 'Pay as you use' ……………………… 191
11.4　収支予測と財務的マネジメント …………………………………… 192
　11.4.1　プロジェクトベースの財務的マネジメント ………………… 192
　11.4.2　マクロ財政収支ベースの財務的マネジメント ……………… 194
11.5　まとめと課題 ………………………………………………………… 195

第12章　アセットマネジメントの適用事例　舗装 ………………… 197
12.1　はじめに ……………………………………………………………… 197
　12.1.1　道路舗装の維持管理業務 ……………………………………… 197
　12.1.2　劣化パフォーマンス評価と継続的改善 ……………………… 198
12.2　京都モデル …………………………………………………………… 199
　12.2.1　京都モデルの全体構成 ………………………………………… 199
　12.2.2　京都モデルの導入プロセス …………………………………… 202

12.3 舗装アセットマネジメントのための技術 …………………………… 207
　12.3.1 舗装の定期調査（路面性状調査）………………………… 207
　12.3.2 パフォーマンス評価（劣化予測モデル）………………… 208
　12.3.3 舗装マネジメントシステム（PMS）……………………… 211
　12.3.4 その他の技術 …………………………………………… 211
12.4 おわりに ………………………………………………………… 212

第13章　アセットマネジメントの適用事例　橋梁 …………………… 215
13.1 はじめに ………………………………………………………… 215
13.2 橋梁マネジメントシステム ……………………………………… 216
　13.2.1 橋梁マネジメントシステムの開発・運用動向 …………… 216
　13.2.2 橋梁マネジメントシステムの事例（KYOTO-BMS）……… 218
13.3 部材の劣化予測 ………………………………………………… 229
　13.3.1 RC床版の統計的劣化予測 ……………………………… 229
　13.3.2 異質性の相対評価とベンチマーキング ………………… 232
13.4 おわりに ………………………………………………………… 236

第14章　アセットマネジメントの適用事例　下水道 ………………… 239
14.1 はじめに ………………………………………………………… 239
14.2 アセットマネジメント導入政策 ………………………………… 240
　14.2.1 これまでの動き ………………………………………… 240
　14.2.2 下水道事業管理計画制度 ……………………………… 241
14.3 アセットマネジメントの目標と計画 …………………………… 243
　14.3.1 下水道事業管理計画におけるサービス水準 …………… 243
　14.3.2 サービルレベル・フレームワーク ……………………… 244
14.4 アセットマネジメントの最適化 ………………………………… 245
　14.4.1 最適解の特定と長期計画の策定 ………………………… 245
　14.4.2 下水道管渠への適用例 ………………………………… 248

14.5 アウトソーシング ……………………………………………………… 250
　14.5.1 維持管理業務のアウトソーシング ……………………………… 250
　14.5.2 要求水準書と成熟度評価 ………………………………………… 251
　14.5.3 サービス提供者に対するISO55001の適用 …………………… 254
14.6 おわりに ………………………………………………………………… 255

第15章 アセットマネジメントの適用事例　斜面・土工構造物 …… 259

15.1 はじめに ………………………………………………………………… 259
15.2 道路斜面・土工構造物のマネジメントの基本概念 ………………… 260
　15.2.1 現況 …………………………………………………………………… 260
　15.2.2 道路斜面・土工構造物のリスク要因 …………………………… 261
15.3 道路斜面・土工構造物の維持管理における着眼点 ………………… 264
　15.3.1 平野部（盛土斜面）………………………………………………… 264
　15.3.2 山岳部（盛土斜面）………………………………………………… 268
　15.3.3 山岳部（切土斜面）………………………………………………… 271
15.4 対策工の性能劣化を考慮した検討事例 ……………………………… 272

第1章 アセットマネジメント

1.1 はじめに

　組織は，多くのインフラ資産を保有しており，これらの資産は機能的陳腐化と物理的老朽化のリスクに直面している。言うまでもなく，インフラ資産は組織がそれぞれの目標や目的を継続的に達成していくために利用する手段であり，組織の目標や目的が異なれば必要とされるインフラ資産も異なってくる。現代社会はめまぐるしく進化しており，組織の目標や目的もそれぞれの時代の市場の要請や人々のニーズも多様に変化していく。インフラ資産は耐久性があり，しかも安価ではない。したがって，一度インフラ資産を整備すると，長期間にわたり，インフラ資産から最大限の効用を引き出すように努力することが必要である。組織の財源は限られており，インフラ資産を維持するためにも少なくない費用が発生する。災害等の発生により，インフラ資産が損壊するリスクも存在する。このような状況の中で組織は，常に自分が管理するインフラ資産の機能や劣化状態を評価するとともに，リスクコストが最小となるような対応策を講じることが必要となる。それと同時に，必要となるインフラ資産を組み換え（必要であれば新規に整備し），望ましいインフラ資産の束（ポートフォリオ）を実現するようにマネジメントすることが求められている。言い換えれば，官民問わず，膨大なインフラ資産のストックを効率的に管理し，そのリニューアルを達成するためのアセットマネジメントの確立が必要とされる時代になったといえる。

　周知のように，米国では，インフラ資産に対する不十分な維持管理が原因となって，1980年代にインフラ資産の急速な老朽化と荒廃が問題化した。連邦政府による調査の結果，緊急対応が必要とされる欠陥橋梁が45パーセントに及ぶことが判明した。いわゆる，「荒廃するアメリカ」[1]である。人々は，自分の資

産に対しては関心を持つが，公共的なインフラ資産の老朽化に関しては，ほとんど興味を示さない。それまでにも，インフラ資産の維持保全担当者からは，維持管理の必要性が主張されていた。しかし，維持補修のための財源が確保されず，適切な維持補修が先送りされた。その結果，米国全体にわたりインフラ資産の老朽化が進行し，危機的状況につながったのである。「荒廃するアメリカ」を招いた原因は，長年にわたりインフラ資産の老朽化を放置したという制度的欠陥にある。橋梁に代表されるインフラ資産は，損傷や劣化が軽微な段階で予防的な維持補修を行うことにより，長寿命化が可能となり，結果としてライフサイクル費用が節約される。逆に，維持補修を先送りすれば，劣化や老朽化が進展し，将来世代が膨大な維持補修費用を負担することになる。そこで，インフラ資産を国民の資産（アセット）として位置付け，そのマネジメントを計画的に，かつ着実に実施するためにアセットマネジメントという考え方が生まれた。

　我が国では，高度成長期に建設された膨大なインフラ資産の老朽化が着実に進行しつつある。さらに，少子高齢化社会の到来による税収減少や社会保障費用の増大により，インフラ資産整備の財源基盤が縮減することが懸念されている。このような背景の中，2012年7月に国土交通省の社会資本整備審議会・交通政策審議会技術分科会技術部会に「社会資本メンテナンス戦略小委員会」が設置された。2012年12月に発生した中央自動車道笹子トンネルの天井板落下事故を受け，それまでの委員会での議論等を踏まえつつ，社会資本の安全性に対する信頼を確保するため，国土交通省等が講ずべき当面の取組み等について，10項目からなる緊急提言[2]が2013年1月に出された。その後，2013年3月には，緊急提言の内容の充実を図り，今後目指すべき社会資本の維持管理・更新に関する基本的な考え方や戦略的な維持管理・更新のために重点的に講ずべき施策に関する中間とりまとめ[3]が出されている。さらに，国，地方自治体，民間企業を始めとして，維持管理に対する理解が深まりつつある。しかし，依然として点検・維持補修とその結果のデータベース化を軸とするメンテナンスサイクルの導入を目指すレベルに留まっており，組織的にアセットマネジメントを実

施できるような体制になっていないのが実情である。

　従来から，インフラ資産の管理者や維持管理業務に携わる専門技術者は，構造物の健全性を点検し，その結果に基づいて個別に補修・補強に対する意思決定を行ってきた．アセットマネジメントは，組織が保有するインフラ資産群全体を対象として，インフラ資産の新規投資，維持管理，更新投資等に関わるマネジメントを戦略的に実施することを目的とする．さらに，ともすれば暗黙知で形成された従来の意思決定過程を形式知化し，現場におけるデータ収集，分析過程の高度化，業務の効率化を通じて，マネジメントのプロセスシステムとして高度に体系化することが目的である．形式知はそれに関わる組織内で集約されるだけでなく，修正や改善が可能であることから共有知となりうる．最終的には，形式知の共有知化を通して，1) インフラ資産の維持管理に対する説明責任を果たすこと，2) インフラ資産管理者の組織内において知識の共有化を図り，技術を継承すること（ナレッジマネジメント）が可能となる．

　現時点において，多くのインフラ資産管理者が目視点検や定期点検のデータに基づいて意思決定を行っており，これらの点検データを用いたマネジメントプロセスを構築することが不可欠である．意思決定を実施するための情報は現場に蓄積されている．しかし，これらの情報は紙媒体でしか保存されていないことが多く，必ずしも完全ではない情報が蓄積されている場合も少なくない．近年におけるインフラ資産やそのモニタリング結果に関するデータベース，劣化予測技術，ライフサイクル費用の評価技術，維持補修技術の発展にはめざましいものがある．依然として，具体的な個々の損傷に関する劣化予測技術に関しては，多くの研究課題が残されているが，劣化プロセスの統計的予測技術の発展により，ライフサイクル費用評価のために必要となるマクロなレベルでの劣化予測モデルに関しては，実用的には十分な水準にまで発展した．本書では，現時点において得られる情報やマネジメント技術を用いて実施可能なアセットマネジメントに関する1つの方法論を示したいと考える．もちろん，我が国におけるアセットマネジメントの発展のためには，維持・補修技術やアセットマネジメント技術の高度化を図ると同時に，財源制度，税制・会計制度等，アセッ

トマネジメントを支える社会的仕組みを改変し，国民がアセットマネジメントの重要性を理解するための努力が必要であることは言うまでもない。しかし，現行のアセットマネジメント技術を用いても，もっと効果的なマネジメントを実現できることも事実である。

1.2　アセットマネジメントの導入と課題

1.2.1　アセットマネジメントシステム

　現在，組織が導入したアセットマネジメントは，インフラ資産の健全度を診断し，劣化したインフラ資産の維持管理計画を策定することを目的としている。アセットマネジメントサイクルは**図1－1**に示すように整理できる。図中の小さいサイクルほど，短い期間で回転するサイクルに対応している。最も外側のサイクル（構想レベル）では，長期的な視点からインフラ資産群の補修シナリオやそのための予算水準を決定することが課題となる。中位の補修サイクル（戦略レベル）では，新たに得られたモニタリング結果等に基づいて，例えば，将

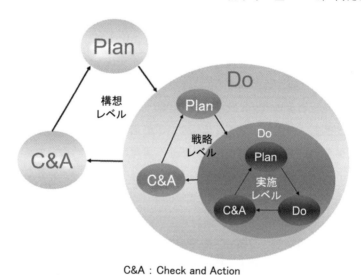

C&A : Check and Action
図1－1　アセットマネジメントサイクル

1.2 アセットマネジメントの導入と課題

来5ヶ年程度の中期的な予算計画や戦略的な補修計画を立案することが重要な課題となる．最も内側のサイクル（実施レベル）は，各年度の補修予算の下で，補修箇所に優先順位を付け，補修事業を実施するサイクルである．

（1）構想レベルのマネジメント

構想レベルのマネジメントは，アセットマネジメントの目標を設定し，維持管理の基本方針及び，長期的な維持管理計画を策定することを目的とする．マクロの視点から管理者が管理するインフラ資産全体に関して長期的な維持管理方針を策定するため，できるだけ簡略化された管理モデルを用いることが望ましい．そのために，台帳やモニタリング履歴，補修履歴などの情報に基づいて，インフラ資産の現況を把握し，インフラ資産の使用状況，周辺環境，及び損傷状態を整理する．ついで，重要度や緊急度などの観点からインフラ資産をグループ分けし，グループごとの維持管理戦略を決定することが重要な課題となる．インフラ資産の現状把握ができれば，整理したデータを基に劣化予測を行って望ましい補修戦略や点検・モニタリング戦略を策定する．構想レベルではインフラ資産全体の長期的な投資計画を策定すること，そして長期にわたる予測を行う必要があることから，劣化に含まれる不確実性を排除することができない．したがって，個々のインフラ資産に対する詳細な劣化予測を実施するのではなく，インフラ資産全体の平均的な劣化進行を把握できればよい．

劣化予測結果に基づき，グループごとに望ましい補修戦略が規定される．その際，インフラ資産のライフサイクル費用を最小にするような維持管理戦略，又は期待純便益を最大にするようなインフラ資産投資戦略が決定される．分類されたグループごとにインフラ資産の投資・補修戦略が策定されれば，この結果に基づいて長期的な予算計画を策定する．そこでは，グループ単位の集中投資など，様々なシナリオを想定して望ましい投資戦略を決定する．長期予算計画には，長期的にインフラ資産のサービス水準を維持するために必要な予算水準と，それを用いて維持すべきインフラ資産のサービス水準が記載されることになる．

（2）戦略レベルのマネジメント

　戦略レベルでは，定期的な点検やモニタリングによるインフラ資産の最新の損傷状態に関する情報に基づいて，中期的な予算計画の策定と具体的な投資，維持管理計画を策定する．点検データと，構想レベルのインフラ資産投資・補修戦略，長期予算計画，計画されたサービス水準に関する情報を基に，中期的に補修が必要となるインフラ資産を選定し，補修の優先順位を付け，必要な各年度における予算額を算出する．点検により，構造上の安全性が疑われるインフラ資産が発見された場合には，詳細調査や追跡調査が実施され，構造安全性に対する照査が行われる．中期的な予算計画が，構想レベルで策定された長期予算計画と必ずしも一致する保証はない．戦略レベルにおいてもインフラ資産の劣化予測を行う．構想レベルにおいては，全体の投資計画を策定することが目的であるため，劣化予測も全体レベルのものであった．戦略レベルで実施する劣化予測は補修の優先順位を選定するための基礎情報となる．したがって，個々のインフラ資産ごとに劣化要因を特定して劣化予測を行うことが必要となる．劣化予測により構造安全上問題が予想されるインフラ資産は優先的に補修や更新が実施される．

（3）実施レベルのマネジメント

　実施レベルは，実際の維持補修を行うマネジメントレベルを意味する．中期的な予算計画で選定されたインフラ資産を対象として，当該年度における補修計画を策定する．その際，補修対象となるインフラ資産の立地条件や，補修工事の規模等に基づいて実際の補修箇所を選択する．近接しているようなインフラ資産が補修対象となっている場合には，同時施工に対する検討も行う．補修対象箇所を対象として補修設計の発注が行われ，補修数量と補修費用が把握される．ただし，予算に制約があるため，補修が先送りされるインフラ資産が発生する可能性があることに注意が必要である．最終的に補修の対象箇所となったインフラ資産に対して補修が実施される．補修の記録はデータベースに収録される．この結果は，構想レベルや戦略レベルにおける事後評価の基礎資料として用いられる．

1.2.2 ライフサイクル費用とアセットマネジメント

　インフラ資産は，利用者である国民に対する公共サービスの提供を通じて，そのライフサイクルにわたって社会的な便益をもたらす．一方，インフラ資産は計画，設計，施工，運営，維持・管理，廃棄の各段階において費用を生じる．ライフサイクル過程において必要な全ての社会的費用をライフサイクル費用（LCC：Life Cycle Cost）と呼ぶ．アセットマネジメントにおいては，インフラ資産の耐用年数や劣化の過程，さらにはインフラ資産が生み出す便益過程，ライフサイクル費用とその不確実性を考慮に入れながら，インフラ資産からもたらされる純便益の割引現在価値を最大化するようなマネジメント戦略を立案することが課題となる．これまでのインフラ資産に関する経済評価では，インフラ資産の整備によってもたらされる便益の計量化に主眼が置かれ，費用に関してはそれほど詳細に検討されてこなかった．近年，財源の逼迫や新規インフラ資産の限界便益の縮小が顕在化し，これまでの新規のインフラ資産整備から既存のインフラ資産有効活用へとマネジメントの重点をシフトせざるを得ない．また，老朽化が進むインフラ資産の保全に要する補修・更新費用は今後大幅に増大することが予測されている．こうした状況下で，既存のインフラ資産に対する効率的な維持補修，更新戦略の実施によるライフサイクル費用の軽減が期待される．

　いま，インフラ資産によって提供されるサービス水準が所与であると想定される場合，便益は管理の対象とならないため，費用の管理のみに着目することが正当化される．ここで，各年度に実施される維持補修工事に伴い発生する修繕費用の流列を考えよう．現時点においては，将来時点で発生する費用を完全に予測することはできない．管理者は，ある補修戦略を実施した場合に将来発生するライフサイクル費用を比較して，望ましい補修戦略を選択しなければならない．ライフサイクル費用は単なる費用そのものとしてではなく，マネジメント施策の経済評価のための統一的な管理指標としての機能を有する．

1.2.3 アセットマネジメントシステムの構成

前述したように，アセットマネジメントシステムは「構想レベル」「戦略レベル」「実施レベル」という異なる階層で構成され，上位レベルでは，インフラ資産全体を対象としたマクロな視点での取組みを行い，その時間軸も長期にわたる。下位レベルでは個々のインフラ資産が対象となり，その視点もミクロになる。取組みの時間軸も単年度程度の短期になる。

一般的に，アセットマネジメントシステムでは，「構想レベル」においてインフラ資産の維持管理に対する「基本計画」を策定し，長期的な維持管理の基本戦略を取り決める。次に「戦略レベル」において基本計画を具体化するための中期計画を策定し，「実施レベル」において個々のインフラ資産の要求性能を満たすように維持管理を実施する。維持補修の実施状況は各レベルにおいてレビューされ計画の改良や更新などが施される。

各マネジメントレベルでは，それぞれのレベルにおけるPDCAサイクルを運用し，アセットマネジメント上の課題の解決やマネジメント技術の継続的な質的向上を図ることが必要となる。実施レベルにおける「Check」では，実際の維持補修を通して年度当初の計画どおりに事業が遂行されているかどうかを評価する。実施レベルの評価を蓄積し，戦略レベルにおける中期計画の評価が行われる。ここでは，管理会計情報なども活用して評価が実施される。さらに戦略レベルの評価を蓄積することによって，構想レベルの評価が実施される。評価の結果は，次の計画に適宜反映され，システムの効率性，精度の向上が図られる。維持補修の結果は必要に応じて外部に公開され，透明性を確保するとともに，説明責任を果たす役割をもつことになる。

1.3 アセットマネジメントのガバナンス

1.3.1 企業におけるマネジメントのガバナンス

2007年9月，旧証券取引法が金融商品取引法（日本版SOX法）に改題され，企業は2008年4月1日以降に開始する事業年度から，内部統制報告書と代表者

確認書の提出が求められた。日本版SOX法では，企業のコンプライアンスを高めるために，トップダウン型の内部統制（Internal Check）がコア概念となっている[4]。日本版SOX法の基礎となった内部統制基準案では，内部統制を「基本的に業務の有効性及び効率性，財務報告の信頼性，事業活動に関わる法令等の遵守，並びに資産の保全の4つの目的が達成されているとの合理的な保証を得るために，業務に組み込まれ，組織内の全ての者に遂行されるプロセスをいい，統制環境，リスクの評価と対応，統制活動，情報と伝達，モニタリング（監視活動），及びIT（情報技術）への対応の6つの基本的要素から構成される」と定義している。

日本版SOX法の背景には，2001年12月のエンロン社の経営破綻を契機に，アメリカ合衆国において展開された一連の企業改革の流れがある。特に，トレッドウェイ委員会組織委員会（COSO：Committee of Sponsoring Organization of the Treadway Commission）による「全社的リスクマネジメント－統合的フレームワーク」[5]の公表が日本版SOX法の制定に大きな影響を与えた。COSOは，企業リスクマネジメントの目的を，「事業体の目的の達成に関する合理的保証を得るために，事業体に影響を及ぼす可能性のある潜在的事象を明確化し，リスクを事業体のリスクアペタイト内で管理することである」と定義している。企業リスクマネジメントの主要な構成要素は，「事象の明確化」，「リスク評価」，「リスク対応」であり，これらは伝統的なリスクマネジメントを構成する要素にほかならない。内部統制とは，企業リスクマネジメントを通じて，企業組織・事業組織のあらゆる階層に属する人間に対するガバナンスを確保することにより，企業のコンプライアンス，資産の効率的管理の実効性を高めるための手段であると解釈できる。

このように米国における内部統制は，企業リスクマネジメントの実施に主眼が置かれている。リスクマネジメントであれ，アセットマネジメントであれ，企業のトップがマネジメントの最高責任者として位置付けられる。とりわけ米国では，内部統制法の施行により企業インフラ資産とその状況に関わる情報の開示が義務付けられた。その結果，企業は企業買収を防御するため，企業価値

の最大化を志向したアセットマネジメントが強く求められるようになった。しかし，我が国では企業インフラ資産の評価やリスク評価を実施できる人材が欠如していることもあり，日本版SOX法においては，企業リスクマネジメントの視点が欠落しており，企業にアセットマネジメントに対する強い動機を与える構造になっていない。

1.3.2 行政におけるマネジメントのガバナンス

　行政マネジメント，いわゆる欧米におけるNPM（New Public Management）理論[6]は，公的部門に民間企業の経営管理手法を幅広く導入することで効率化や質的向上を図ろうとするもので，1980年代の半ば以降，アングロサクソン系諸国を中心に行政実務の現場を通じて形成された行政経営手法である。NPM理論に基づいたマネジメントシステムには，予算執行のマネジメントと政策評価のマネジメントの2つのマネジメントシステムが存在する（**図1－2**）。

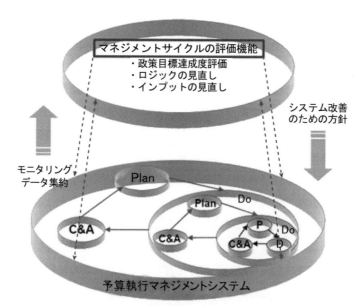

図1－2　予算執行と政策評価のマネジメントシステム

1.3 アセットマネジメントのガバナンス

　行政組織におけるマネジメントは，予算執行マネジメントシステムを中心に機能する。図１－１に示したアセットマネジメントサイクルは，予算計画，執行，管理業務により構成されている。その基本は単年度予算の計画と，その執行過程にある。インフラ資産の蓄積，劣化過程をマネジメントするためには，インフラ資産の長期的なパフォーマンスを評価することが必要である。さらに，将来時点におけるインフラ資産に対するニーズや老朽化の過程に不確実性が介在することから，階層的なマネジメントが不可欠となる。行政組織であれ，企業組織であれ，予算執行マネジメントシステムが図１－１に示したようなアセットマネジメントサイクルとして運営されることは直感的に理解できよう。しかし，政策評価のマネジメントは，予算執行マネジメントシステム自体を継続的に改善することを目指している。このようなマネジメントシステムの改善を，予算執行マネジメントシステムの日常的な運営の中で達成することは困難であると言わざるを得ない。政策評価のマネジメントでは，図１－２に示すように予算執行マネジメントシステムのパフォーマンスをモニタリングし，予算執行マネジメントシステム自体を改善するようなマネジメントを目的とする。すなわち，マネジメントシステムのマネジメントを司るメタマネジメントシステムが必要となる。

　現場で実行される維持管理業務や予算執行管理過程は，定型化された，あるいは定型化されない数多くのルールや規範，手引きやマニュアル，情報システム，利用可能な資源や人的リソース，維持管理技術，契約方法や契約管理システムで構成されている。これらのアセットマネジメントを実践するための技術の総体がアセットマネジメント技術である。アセットマネジメントにおけるPDCAサイクルは，マネジメント実践の中で課題や問題点を発見し，それを解決するためにアセットマネジメント技術を改善や更新することを目的とする。我が国のアセットマネジメントにおけるPDCAサイクルが機能しないのは，マネジメントサイクルの評価者と，マネジメント技術の管理者・運用者が乖離しており，マネジメントに関わるモニタリング情報や改善方針に関するコミュニケーションが機能しないことに１つの原因がある。マネジメント技術は，組織

内の担当部局にアドホックな形で分散保有されている．しかも，多くのマネジメント技術が非定型的な形で，担当者の経験や担当部局の慣習として温存されている．したがって，マネジメントサイクルの評価者にとって，「何を改善すればいいのか」，「どの部局がマネジメント技術に責任をもっているのか」，「誰がコミュニケーションの窓口なのか」という「改善すべき対象」に関する情報を獲得するために多大なエネルギーが必要となる．すなわち，PDCAサイクルを運営するための，組織内取引費用が極めて大きいのである．このような環境では，PDCAサイクルが機能しないのは当然であるといわざるを得ない．PDCAサイクルを機能させるためには，組織内に分散化されたアセットマネジメント技術の集約化（あるいは，ディレクトリーの構築）を図ることが必要である．

1.3.3 ISO55001の役割

2014年1月10日にアセットマネジメントの国際規格であるISO55000シリーズ[7]が発行された．ISO55000シリーズは，組織が抱える膨大なインフラ資産が直面するリスクポジションを評価するとともに，組織の継続的発展のためにアセットポートフォリオを組み替え，インフラ資産のリニューアルを戦略的に実施するためのアセットマネジメント，アセットマネジメントシステムの国際規格である．アセットマネジメントは組織の継続，発展のための中心的課題であり，単にインフラ資産の維持補修のみを目的とするような矮小化されたアセットマネジメントの概念で理解してはならない．本書はISO55000シリーズを解説することを目的としているわけではないが，アセットマネジメントを議論する上で，ISO55000シリーズの考え方を基本的に踏襲することとする．第2章では読者の便宜を図るためにアセットマネジメントの要求事項を表すISO55001の概要について紹介する．ISOの効用は極めて多様であるが，本書では1）企業・行政のアセットマネジメントにおけるPDCAを機能させることにより，企業の組織的ガバナンス（内部統制）や行政マネジメントのガバナンスを確立させること，2）国際建設・エンジニアリング市場における競争力を確

1.3 アセットマネジメントのガバナンス

立する手段という2つの側面に着目して，その期待される役割について論じてみたい。

我が国でISO9001, 14001を導入している企業は少なくない。日本企業のISO導入の動機は多様であるが，公共調達の参加要件や企業の評判を確立することが動機である場合が多く，企業マネジメントのガバナンスを直接的な動機とする場合はむしろ少ない。ISOの導入により，「文書作業の負担が多くなった」等の不満が多く聞かれる。我が国における認証評価の有り様にも問題なしとはしないが，ISO導入によりマネジメントガバナンスの確立を目指そうとしない（目指せない）原因について考慮することが必要である。多くの組織がアセットマネジメントシステムを導入したにもかかわらず，せっかくのマネジメントシステムが機能していないという事例は枚挙にいとまがない。また，PDCAサイクルが動いている成功事例もまた少ない。多くの場合，「Plan-Do-Check」のプロセスは機能しているが，「Check-Action」プロセスが機能しないのである。

そもそも，ISO55001は，マネジメントの継続的改善を達成するためのプロセス標準であることを忘れてはならない。言い換えれば，欧米各国においてもマネジメントサイクルにおいて「Check-Action」のプロセスは，やはり自発的には機能しにくい部分なのである。そこで，ISO標準を導入することにより，半ば強制的に「Check-Action」のプロセスを機能させるのである。ISO55001は，アセットマネジメントに関するいくつかの基本的な質問に答えることにより，アセットマネジメントにおける基本的な「Check-Action」プロセスが機能するように設計されている。欧米の組織に対して，ISOプロセス標準が役に立っているのかと問えば，多くの組織は役に立っていると答えるだろう。ここに，「日本的組織風土」と「欧米的組織風土」の間に，どのような根本的な差異があるのかという基本的な疑問が湧いてくる。この問いに，一言で答えるのは難しいが，筆者は「Check」という行為を経て，仮に改善が必要だと判明した時に，直ちに改善を実施できるような「マネジメントの対象」が存在しているのかという点に集約されると考える。ISOを導入するためには，現行のマネジメントシステムやビジネスモデルの再編が必要となることが少なくない。いわゆる，

ビジネス・リエンジニアリングが必要である．あわせて，マネジメントの継続的改善を実施するためにはマネジメントシステムのモニタリングとそれを支えるマネジメント情報システムが必要となる．しかし，日本的組織風土においては，マネジメントシステムの改変や適応を経ずして，ISOプロセス標準の形式的導入に留まっている場合が少なくない．ISOプロセス評価における自己評価の過程は，評価項目がチェックリストとして一定の役割を果たすものの，課題が発見されたとしても部分的修正に留まり，プロセスシステムの継続的改善につながらないのである．

　日本的組織風土において，マネジメントシステムが存在していないのかというと決してそうではない．むしろ，欧米組織と比較して，より緊密で細やかなマネジメントシステムが発達している場合が多い．しかし，マネジメントシステムのガバナンスが，ローカルな組織固有のルールや慣習，責任者によるアドホックな判断や指示に依存している．ガバナンスが人的資源に多くを依存している場合，人的資源の移動により，マネジメントの生産性やガバナンスが著しく低下するリスクにさらされている．したがって，マネジメントシステムを可能な限り人的資源の資質に依存しないように，単純なルールや記述可能な規範に還元するとともに，現場での経験を通じて継続的に改善しようとするマネジメント理念が貫かれている．これは，まさに「歩きながら考える」というアングロサクソン的発想であり，「歩く前に考える」というゲルマン的発想や，人的な和を尊ぶ日本的発想とは異質である．といえども，日本的組織風土において，PDCAサイクルが機能しないことや，多くのアセットマネジメントが機能不全を起こしている状況をみるにつけ，マネジメントサイクルにおける「Check」という行為を経て，必要であれば改善を実施できるような「マネジメントの対象」を作り上げることが重要であると考える．

1.3.4　我が国におけるアセットマネジメントの課題

　我が国は，少なくともアセットマネジメント技術に関しては，かつての後進状態から，先進的フロンティアを形成するまでに進歩した．しかし，アセット

1.3 アセットマネジメントのガバナンス

マネジメントにおけるマネジメント実践に関しては，いまだ発展途上にあると言わざるを得ないことを重ねて指摘しておきたい．我が国の要素技術偏重は相変わらず温存されたままであり，いっこうに総合化，システム化の機運が生まれてこない．このことは建設業界のみならず，日本経済全体が抱える課題でもある．総合化技術，システム化技術は，要素主義的な個別技術，分析技術をリストアップし，それを積み上げるという方法論だけでは開発できない．

ISO55001は，アセットマネジメントの責任者が組織のトップであると明確に位置付け，責任者によるイニシアティブでマネジメントの組織的，継続的改善を求めることを要求する．ISO55001はプロセス標準であり，具体的なアセットマネジメント技術を規定するものではない．しかし，実際にISO55001に準拠してアセットマネジメントを運用していくためには，それを支援するアセットマネジメント技術や情報システム技術が確立されていなければならない．ISO55001に準拠したアセットマネジメント技術の国際デファクト標準の開発をめぐって過酷な国際競争が展開している．本書はISO55001に基づくアセットマネジメントについて解説することを目的とするものではないが，将来時点においてISO55001の導入を検討する組織を対象として，ISO55001標準に基づくアセットマネジメントシステムを支援するアセットマネジメント技術や情報システム技術について1つのプロトタイプを示すことを目的としている．前述したように，ISO55001に準拠したアセットマネジメント技術に関して国際競争が激化しているが，本書においては日本型アセットマネジメントの特徴として，1)現実のモニタリングデータに基づいた徹底した現場主義に基づくマネジメント，2)知識マネジメントによるアセットマネジメントの継続的改善，3)ベンチマーキングを通じた課題の発見と要素技術に基づいた問題解決を提唱したいと考える．これらの開発理念を実現するために，1)では統計的劣化予測モデルを用いたライフサイクル評価，2)ではロジックモデルの開発とその継続的改善を通じた情報蓄積と知識マネジメント，3)ではデータ蓄積によるベンチマーキングと我が国に豊富に蓄積されている要素技術を活用することを念頭に置いている．先行する国際デファクト標準との競争関係と我が国のアセッ

トマネジメント技術の国際的比較優位性を考慮すれば，このような開発理念は妥当なものであろう．

1.4 本書の構成

　本書は基本的に3部で構成されている．第2章では，ISO55000シリーズにおけるアセットマネジメントの基本的な考え方を説明し，第3章において，世界各国におけるアセットマネジメントの現況について報告する．これら2つの章で構成される第Ⅰ部を通じて，ISO55000シリーズが生まれた時代的背景やアセットマネジメントを取り巻く国際状況について理解して頂きたい．

　ISO55000シリーズは，アセットマネジメントやアセットマネジメントシステムに関する国際標準であり，具体的なメンテナンス技術やマネジメント技術を規定しているわけではない．しかし，実際にアセットマネジメントシステムを構築するためには，具体的なメンテナンス技術，マネジメント技術，さらにはアセットマネジメントを支援する情報システム技術を選択し，アセットマネジメントの実践の中で，これらの技術を駆使することが不可欠である．したがって，ISO55001が普及する中で，それを支援する技術体系のデファクト標準化（市場によって選択された技術標準）が進展する可能性が極めて大きい．

　本書の第Ⅱ部である第4章から第11章までの各章においては，アセットマネジメントを支援するマネジメント技術について紹介する．ISO55001に準拠してアセットマネジメントを実施する場合，組織やアセットマネジメント担当者は「アセットの整理」，「状態監視，故障・劣化モードと健全性評価」，「会計的評価」，「サービス水準の設定」，「PDCAと継続的改善」，「投資計画と資金戦略」というアセットマネジメント課題に答えていかなければならない．これらの各章においては，これらのマネジメント課題に答えるための基本的なマネジメント技術を紹介することとする．

　しかし，これらの各章で紹介するマネジメント技術は，マネジメントのための要素技術に過ぎない．これらのマネジメント技術は，組織が構築するアセッ

トマネジメントシステムやアセットマネジメント情報システムとして実装されなければならない。そこで，本書の第Ⅲ部である第12章から第15章までの各章においては，舗装，橋梁，下水道，斜面・土工構造物を対象として，現実のアセットマネジメントにおいて用いられているアセットマネジメントシステムやアセットマネジメント情報システムについて紹介することとする。

　本書は，これからISO55001を導入しようと考えられている読者だけでなく，当面はISO55001の導入は考えていないものの，国際標準レベルのアセットマネジメントを実施したいと考えておられる読者も対象にしている。本書が，そのような方々がアセットマネジメントについて考えるための一助になれば，執筆者一同にとって望外の喜びである。なお，本書では，個別インフラ資産のメンテナンス技術に関しては，全て割愛させて頂いた。それらの技術の詳細に関しては，それぞれのインフラ資産の管理を所轄する官公庁や企業が公開している技術情報や学協会において出版されている技術書や専門書を参照して欲しい。

参考文献
1）Pat Choate and Susan Walter著／米国州計画機関評議会編：荒廃するアメリカ，建設行政出版センター，1982.
2）社会資本整備審議会・交通政策審議会技術分科会技術部会・社会資本メンテナンス戦略小委員会：社会資本メンテナンス戦略小委員会緊急提言，2013.
3）社会資本整備審議会・交通政策審議会技術分科会技術部会・社会資本メンテナンス戦略小委員会：今後の社会資本の維持管理・更新のあり方について－中間とりまとめ，2013.
4）吉川吉衞：企業リスクマネジメント，中央経済社，2007.
5）COSO：*Enterprise Risk Management - Integrated Framework,* 2004, 八田龍二監訳／中央青山監査法人訳：全社的リスクマネジメント，統合的フレーム

ワーク編,東洋経済新報社,2006.
6) 大住荘四郎:ニュー・パブリックマネジメント-理念・ビジョン・戦略,日本評論社,1999.
7) ISO55001要求事項の解説編集委員会編:ISO55001:2014 アセットマネジメントシステム　要求事項の解説,日本規格協会,2015.

第2章 ISO55000シリーズとアセットマネジメント

2.1 はじめに

　工学分野では，従来，構造物・施設の台帳を整備し，点検を行い，その結果から構造物・施設の健全性や補修・補強の優先度を評価し，補修・補強を行うといった維持管理手法が発展してきたが[例えば, 1), 2)]，アセットマネジメントの国際規格であるISO55000シリーズによるアセットマネジメントは，工学分野の維持管理手法とは発想を異にする。この理由として，ISO55000シリーズでは組織によるアセットマネジメントの実践に大きな関心が払われ，アセットの効果的かつ効率的なマネジメントを通じて，組織が保有するインフラ資産（アセット）を持続的に維持していくことを目標としていることが挙げられる。

　ISO55000シリーズは，品質マネジメントシステム規格（ISO9000シリーズ）や環境マネジメントシステム規格（ISO14000シリーズ）と同様に，ISOが発行しているマネジメントシステム規格の1つである。ISOではマネジメントシステム規格を作成する際に共通的に使用する目次構成や用語が統合版ISO補足指針[3]として準備されており，ISO55000シリーズもそれに従っている。すなわち，ISO55000シリーズで規定されているマネジメントシステムの考え方は，同シリーズに固有のものではなく，ISOが発行するマネジメントシステム規格に共通のものである。

　また，ISO55000シリーズは，ISO9000シリーズやISO14000シリーズと同様に，資格認証の対象となるものである。2014年1月10日のISO55000シリーズの発行以来，1年余りが経過した2015年3月末時点において，既に国内外で認証取得の事例が出てきている。今後，海外に加えて国内における事業でも，ビジネス上の戦略として，ISO55000シリーズの資格認証の重要性が増すことが想定される。

第2章 ISO55000シリーズとアセットマネジメント

本章ではISO55000シリーズよるアセットマネジメント及びアセットマネジメントシステムについて概説する．本章の内容は，主としてハード的なアセットマネジメント技術に関して解説する第4章以降の内容とは異なるものであるが，国際規格であるISO55000シリーズは今後のアセットマネジメントに対して1つの方向性を与えることになるという観点から，その概要や考え方について述べたものである．

2.2　ISO55000シリーズの策定経緯

2009年8月，英国規格協会（BSI：British Standards Institution）から国際標準化機構（ISO：International Organization for Standardization）に対して，アセットマネジメントに係る新作業項目の提案があった．BSIの提案は，英国等で既に採用されている公開仕様書PAS 55（PAS：Publicly Available Specification）[4),5)]をベースとしたものであり，PAS 55の対象が物的アセットに特化していることや，ISOのマネジメントシステム規格のための合同技術調整グループ（JTCG：Joint Technical Coordinating Group）が提唱する模範文書，すなわち，統合版ISO補足指針の附属書SLとの整合性に鑑み，ISOとして全面的な見直しを行うこととされた．

表2－1はISO55000シリーズ策定の主要経緯を示したものであり[6)]，2010年6月にはロンドンで準備会合が開催され，原案作成を担当するプロジェクト委員会（PC251）の設立が決議された．プロジェクト委員会の委員長及び事務局長はいずれも英国から選出された．また，委員会への参加国は，最終的には，メンバー国が32カ国，オブザーバー国が15カ国となった．2011年3月にはメルボルンで第1回ワーキンググループ会合が開催された．それ以降，アーリントン，プレトリア，プラハ及びカルガリーでワーキンググループ会合が開催され，作業原案（WD：Working Draft）から，委員会原案（CD：Committee Draft），国際規格原案（DIS：Draft International Standard），最終国際規格案（FDIS：Final Draft International Standard）へと，順次，ドラフトの策定が行われ，

2.2 ISO55000シリーズの策定経緯

2014年1月10日に国際規格として発行された。

ISO55000シリーズは，概要，原則及び用語（ISO55000）[7]，要求事項（ISO55001）[8]並びにISO55001の適用のためのガイドライン（ISO55002）[9]の3編から構成されている。また，前述したように，ISO55000シリーズによるアセットマネジメントシステムの考え方はISOが発行する他のマネジメントシステム規格と共通しており，ISO9000シリーズやISO14000シリーズと同様に，ISO55000シリーズは資格認証の対象となるものである。

表2－1　ISO55000シリーズ策定の主要経緯

年　月	事　　　項
2009年8月	英国規格協会より新作業項目の提案（PAS 55がベース）
2010年6月	準備会合（ロンドン）
	プロジェクト委員会（PC）設立の決議
2011年2月	第1回ワーキンググループ会合（メルボルン）
	作業原案（WD）の作成
2011年10月	第2回ワーキンググループ会合（アーリントン）
	委員会原案（CD）の作成
2012年2月	第3回ワーキンググループ会合（プレトリア）
	委員会原案（CD2）の作成
2012年6月	第4回ワーキンググループ会合（プラハ）
	国際規格原案（DIS）の作成
2012年8月	国際規格原案公開
2013年5月	第5回ワーキンググループ会合（カルガリー）
	最終国際規格案（FDIS）の策定
2014年1月	ISO55000シリーズ発行（10日）

2.3 ISOによるアセットマネジメントの基本

2.3.1 アセットマネジメントに関する定義

　ISO55000シリーズが対象とするアセットはあらゆるタイプのアセットであり，アセットとは「組織にとって潜在的に又は実際に価値を有するもの」と定義されている。すなわち，アセットには有形・無形のもの，また，金銭的・非金銭的なものが含まれることになるが，同規格では「この国際規格は，特に物的アセットを管理することに適用されることを意図しているが，他のアセットタイプに適用することも可能である」という注記が添えられており，実際の運用上は物的アセットを主たる対象としたものになっている。

　次に，アセットマネジメントは「アセットからの価値を実現化する組織の調整された活動」と定義されている。ここで，価値の実現化は，一般に，コストやリスクとアセットのパフォーマンスのバランスを取ることを含むとされ，それにより，組織の運営を確実にすることを意図したものである。

　さらに，アセットマネジメントシステムとして「アセットマネジメントの方針及びアセットマネジメントの目標を確立する機能をもつアセットマネジメントのためのマネジメントシステム」という定義が与えられている。ここで，マネジメントシステムとは「方針，目標及びその目標を達成するためのプロセスを確立するための，相互に関連する，又は相互に作用する組織の一連の要素」であり，ISOによるマネジメントシステム規格の共通の定義となっている。すなわち，アセットマネジメントシステムとは，アセットマネジメントを実践するために必要となる，組織内の役割，責任，資源，情報といった一連の要素であり，これらの要素が適切に関連・作用しあうことが求められている。従来より，工学分野では組織のアセットマネジメントを支援するための情報システムをアセットマネジメントシステムと呼ぶことが多かったが，本書ではISO55000シリーズの考え方を踏襲し，アセットマネジメントシステムとは組織がアセットマネジメントを実施するためのマネジメントプロセスを意味すると考える。これに対して，アセットマネジメントを支援する情報システムをア

2.3 ISOによるアセットマネジメントの基本

セットマネジメント情報システムと呼ぶ。また，アセットマネジメントを実践するために定型化されたプログラム群をアセットマネジメント・ソフトウェアと呼ぶこととする。

図2-1はアセットマネジメントに係る用語の関係を整理したものである。アセットマネジメントシステムの適用範囲内にあるアセットをアセットポートフォリオと呼ぶが，それを適切に管理するものとしてアセットマネジメントシステムがあり，アセットマネジメントシステムが組織内で適切に機能することによりアセットマネジメントが効率的・効果的に実践されることになる。その結果として，アセットマネジメントは組織のマネジメントに貢献することができる。なお，アセットマネジメントシステムは，アセットマネジメントを適切に実施するための組織内の手段であり，道具であると理解してもよい。

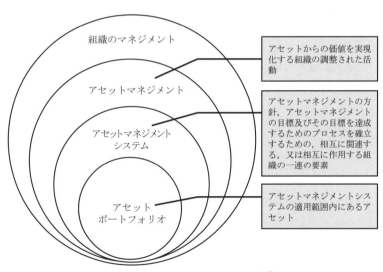

図2-1　重要な用語間の関係[7]

2.3.2 ISO55000シリーズの基本

ISO55000によれば，アセットマネジメントの基本は次の4項目であるとされている。

(1) アセットの価値

アセットマネジメントは，アセットそのものに着目することはしないが，アセットが組織に提供することができる価値に着目する。その価値は，アセットマネジメントの目標が組織の目標と整合していること，ライフサイクルマネジメントのアプローチを利用すること，また，ステークホルダーのニーズを反映し，価値を定義付ける意思決定のプロセスを確立することで決定されるものである。

(2) 整合性

アセットマネジメントは組織の目標を技術的・財務的な決定，計画及び活動に変換し，アセットマネジメントの決定は組織の目標の達成を可能にする。アセットマネジメントのプロセスは，財務，人的資源，情報システム，ロジスティックス及び運用のような組織の機能的マネジメントのプロセスと統合されなければいけない。そのためには，組織の中でアセットマネジメントシステムをマネジメントシステムとして組み込み，整合性を確保する必要がある。

(3) リーダーシップ

全ての経営層からのリーダーシップ及びコミットメントは，組織内にアセットマネジメントを成功裏に確立し，運用し，改善するために不可欠である。このためには，組織内の役割，責任及び権限を示すこと，それを従業員が認識し，実行するための力量を有するとともに，権限を与えられることを確実にすること，さらに，アセットマネジメントに関係する従業員とステークホルダーとの協議を実施することが必要である。

(4) 保証

アセットマネジメントはアセットに必要とされる目的を満たすことを確実にするものであり，すなわち，保証するものである。そのためには，アセットに必要とされる目的及びパフォーマンスを組織の目標に関連付けるプロセスを策

定し,実施すること,全てのライフサイクルの段階を通じて実現能力を保証するためのプロセスを実施すること,モニタリング及び継続的改善のためのプロセスを実施すること,並びに必要な資源及び能力ある要員を提供することが必要になる。

2.4　ISOによるアセットマネジメント

2.4.1　アセットマネジメントシステム

　アセットマネジメントシステムは,アセットマネジメントのためのマネジメントシステムであり,相互に関連する,又は相互に作用する組織の一連の要素である。**図2－2**は,アセットマネジメントシステムの要素間の関係を示したものであり,図中には3つの重要な流れが示されている。

　まず,1番目の流れは,図の中央左を上から下に向かうトップダウンの流れである。すなわち,ステークホルダー及び組織の状況を理解し,組織の計画及び組織の目標を設定する。それに基づき,アセットマネジメントの目標を検討し,アセットマネジメント計画を策定する。アセットマネジメント計画を実施することにより,アセットマネジメント,アセットマネジメントシステム及びアセットのパフォーマンス評価及び改善が行われる。

　戦略的アセットマネジメント計画は,組織の目標とアセットマネジメントの目標をつなぐものである。戦略的アセットマネジメント計画にはアセットマネジメントを適用する際の原則を実施する方法が記載されるが,それによりアセットマネジメントの目標を設定するガイドとなり,アセットマネジメントシステムの役割は何かといったことが明示されることになる。

　2番目の流れでは,ステークホルダー及び組織の状況からアセットマネジメントの方針を確立し,アセットマネジメントの目標に反映する。さらに,アセットマネジメントの目標及びアセットマネジメント計画に呼応する形で,アセットマネジメントシステム及びそれに関連する支援の要素を提供することにより,アセットマネジメント計画が策定され,実施される。

第2章　ISO55000シリーズとアセットマネジメント

　アセットマネジメントの方針は，組織の目標に対するコミットメントやアセットマネジメントを適用しようとする際の原則を示し，アセットマネジメントに取り組む大きな枠組みを提供するものであり，トップマネジメントの明示的な意思であるといってよい。また，支援とは，資源，力量，認識，コミュニケーション，情報に関する要求事項，文書化した情報といった要素からなり，それらがアセットマネジメント計画の策定・実施にどのようにインプットされるかは，アセットマネジメントの成否に影響を及ぼすものとなる。

　3番目は，**図2-2**の最下段に位置するパフォーマンス評価及び改善からのボトムアップの流れである。パフォーマンス評価の結果が組織及びアセットマネジメントの目標や計画にフィードバックされることにより，アセットのみならず，アセットマネジメント及びアセットマネジメントシステムの改善が図られるというものであり，これが継続的改善を意味する。

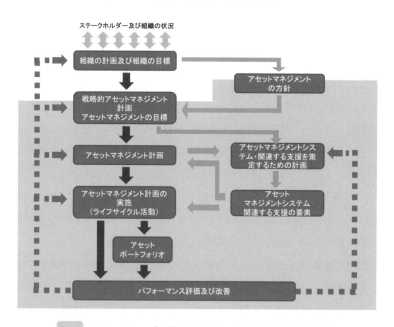

図2-2　アセットマネジメントシステムの重要な要素間の関係[7]

2.4 ISOによるアセットマネジメント

　日本では，多くの組織が現場レベルで種々の要素技術を用いて，工夫された維持管理を行っている。しかしながら，目標を設定し，方針を立案した上で，計画を策定し，現場での結果を組織のトップマネジメントまでフィードバックし，継続的な改善を図るという体系的なマネジメントシステムになっているかというと必ずしもそうではない。マネジメントの実践結果が組織のトップマネジメントに適切にフィードバックされていなかったり，外部のステークホルダーに提示されていなかったりする場合もあるものと思われる。ただし，何らかの形でマネジメントシステムを動かしているのであれば，組織の活動を見直すことにより**図２－２**に示したISO55000シリーズによるアセットマネジメントシステムに適合させることは決して難しくはない。

2.4.2　要求事項

　アセットマネジメントシステムの要求事項は，ISO55001に規定されている。ISO55001の主要目次構成は**表２－２**に示すとおりである。

　要求事項に関しては「～しなければならない」という指示を表す"shall"が使用され，ガイドラインであるISO55002では"should"を使用した記述が多く見受けられる。shouldの意味合いについては，日本人は指示に近いものとして理解することが多いが，ガイドラインの対訳では「～することが望ましい」という推奨の意味合いで訳されている。すなわち，"should"は「可能であればすべきである」というのがガイドラインの趣旨である。

　ISOのマネジメントシステムでは，どのようにして計画を策定するのか，どのようにそれを実践し，パフォーマンス評価を行うのかといった方法論は示されておらず，各々の組織がそれに相応しい方法論を検討し，マネジメントに反映させればよい。ガイドラインは，あくまでも要求事項に適合するための指針を種々の観点から示しているものであり，実施義務を課しているものではない。また，ISO55001はアセットマネジメントの質や現場でのモニタリングの信頼性等を評価するものではなく，たとえ現状ではアセットマネジメントが必ずしも十分に機能していなくても，マネジメントシステムを導入することにより組

織のアセットマネジメントの継続的な改善が図られることを重視するものである。

以下，要求事項の各項目の要点について述べる。

表2-2　ISO55001要求事項の目次構成（抜粋）

4　組織の状況
4.1　組織及びその状況の理解
4.2　ステークホルダーのニーズ及び期待の理解
4.3　マネジメントシステムの適用範囲の決定
4.4　アセットマネジメントシステム
5　リーダーシップ
5.1　リーダーシップ及びコミットメント
5.2　方針
5.3　組織の役割，責任及び権限
6　計画
6.1　アセットマネジメントシステムのためのリスク及び機会への取組み
6.2　アセットマネジメントの目標及びそれを達成するための計画策定
7　支援
7.1　資源
7.2　力量
7.3　認識
7.4　コミュニケーション
7.5　情報に関する要求事項
7.6　文書化した情報
8　運用
8.1　運用計画策定及び管理
8.2　変更のマネジメント
8.3　アウトソーシング
9　パフォーマンス評価
9.1　モニタリング，測定，分析及び評価
9.2　内部監査
9.3　マネジメントレビュー
10　改善
10.1　不適合及び是正処置
10.2　予防処置
10.3　継続的な改善

2.4 ISOによるアセットマネジメント

（1）組織の状況

　組織はその内外の状況を理解した上で，アセットマネジメントシステムに関連するステークホルダーを決定し，ステークホルダーのアセットマネジメントに関する要求事項及び期待を決定しなければならない。また，組織はアセットマネジメントシステムの適用範囲を決定しなければならない。ここで，アセットマネジメントシステムの適用範囲は，文書化した情報として利用可能な状態にしておかなければならない。

　さらに，組織は戦略的アセットマネジメント計画を策定するとともに，アセットマネジメントシステムを確立し，実施し，継続的に改善しなければならないとされている。戦略的アセットマネジメント計画とは，**図2－2**に示したように，組織の計画及び目標に基づき，組織の目標をどのようにアセットマネジメントの目標他に変換するのかを規定したものであり，ISO55000シリーズでは重要な概念になっている。

（2）リーダーシップ

　ISO55001に限らず，ISOのマネジメントシステム規格では組織のトップマネジメントが重要視されている。まず，トップマネジメントは，アセットマネジメントの方針，戦略的アセットマネジメント計画及びアセットマネジメントの目標を確立することに加え，アセットマネジメントシステムの要求事項を組織の業務プロセスに組み入れることやアセットマネジメントシステムのための資源が利用可能であることを確実にすることによって，アセットマネジメントシステムに関するリーダーシップ及びコミットメントを示さなければならない。ここで，アセットマネジメントの方針には，組織の計画と一貫したものであること，組織のアセット及び運用の性質及び規模に対して適切であること，文書化した情報として利用可能であること等が求められている。

　また，トップマネジメントは，組織内において関連する役割に対する責任及び権限を割り当て，伝達することを確実にしなければならないとされている。ここで，責任及び権限を割り当てる対象としては，戦略的アセットマネジメント計画を確立し，更新すること，アセットマネジメントシステムの適切性，妥

当性及び有効性を確実にすること，アセットマネジメントシステムのパフォーマンスをトップマネジメントに報告すること等が含まれている。

（3）計画

組織は，リスク及び機会に適切に取り組むとともに，アセットマネジメントの目標を確立し，その目標を達成するためにアセットマネジメント計画を策定しなければならない。アセットマネジメントの目標には，組織の目標やアセットマネジメントの方針と一貫していることに加えて，戦略的アセットマネジメント計画の一部として確立されること，モニタリングされること，ステークホルダーに伝達されること，適切に更新されること等が求められている。

また，アセットマネジメント計画の策定に当たって，組織は実施事項，必要とされる資源，責任者，達成期限，結果の評価方法等を決定し，文書化しなければならない。なお，ISO55001ではアセットマネジメント計画の様式は定められていないが，一般に，アセットマネジメント計画に含まれることが多い項目としては，アセットマネジメントの活動，運用及び維持計画，資本投資（オーバーホール，更新，交換及び増強）計画，並びに財務及び資源計画に関する理論的根拠が挙げられる。

（4）支援

図2－2に示したように，支援とはアセットマネジメント計画の実施を可能ならしめるものである。まず，組織は，アセットマネジメントシステムのために必要な資源を決定し，提供しなければならない。アセットマネジメントシステムに必要とされる資源と利用可能な資源との間にギャップがある場合には，ギャップ分析を行う必要がある。

組織は，教育や訓練に基づいて，アセットマネジメントの業務に従事する人々に必要とされる力量を有していることを確実にするとともに，力量に関する文書化した情報を保持しなければならない。一方，組織内でアセットマネジメントに関係する人々は，アセットマネジメントの方針や自らの貢献について認識を持たなければならない。また，組織は，アセットマネジメントの活動に関して，ステークホルダーを含む組織の内外の関係者とコミュニケーションを

2.4 ISOによるアセットマネジメント

とる必要がある。

さらに，組織はアセット，アセットマネジメント，アセットマネジメントシステム及び組織の目標の達成のために，情報に関する要求事項を決定するとともに，情報を管理しなければならない。また，組織のアセットマネジメントシステムには，ISO55001によって必要とされる文書化した情報を始め，種々の文書化した情報を含めなければならない。

（5）運用

運用とは，組織がアセットマネジメントの目標を達成するためにアセットマネジメントシステムを機能させることに相当する。組織は，要求事項を満たすために，また，リスク及び機会への取組み，アセットマネジメント計画，是正処置及び予防処置を実施するために必要なプロセスを計画し，実施し，管理しなければならない。そのためには，必要とされるプロセスに関する基準の確立，その基準に従ったプロセスの管理の実施，リスクへの対応及びモニタリング等が必要となる。

アセットマネジメントシステムの運用においては変更が発生することがある。組織は，そのような変更に伴うリスクを評価し，管理しなければならない。

また，組織は，アセットマネジメントの活動の一部をアウトソースするときは，それに伴うリスクを評価し，アウトソースしたプロセス及び活動が管理されることを確実にしなければならない。すなわち，アウトソーシング自体は決して特殊なことではないが，アウトソースした活動は組織のアセットマネジメントシステムの一部として管理されることになる。

（6）パフォーマンス評価

組織には，アセット，アセットマネジメント及びアセットマネジメントシステムのパフォーマンスを評価することが求められる。ここで，アセットのパフォーマンス評価とは，アセットの状態のモニタリングや測定を意味する。アセットマネジメントのパフォーマンス評価とは，アセットマネジメントの目標が達成されているかどうかという評価を意味する。また，アセットマネジメントシステムのパフォーマンス評価とは，アセットマネジメントシステムが効果

的かつ効率的であるかという評価を意味する。

　組織は，アセットマネジメントシステムが組織の要求事項等に適合し，効果的に実施され，維持されていることを確実にするために，内部監査を実施しなければならない。監査プロセスには客観性及び公平性の確保が求められるとともに，組織は監査の結果を関連する管理層に確実に報告するとともに，文書化した情報として保持しなければならない。

　また，トップマネジメントはアセットマネジメントシステムをレビューしなければならないとされている。これは，組織のアセットマネジメントシステムの適切性，妥当性及び有効性が継続していることを確実にすることを目的にしたものである。

（7）改善

　アセット，アセットマネジメント又はアセットマネジメントシステムに不適合（要求事項からの逸脱）やインシデントが発生した場合には，組織はそれらに対応し，適用可能な場合には是正処置をとらなければならない。また，不適合又はインシデントが再発又は発生しないようにするため，組織は不適合又はインシデントの原因を除去するための処置をとる必要性を評価することとされている。

　潜在的な事象に対しては，組織はアセットのパフォーマンスにおける潜在的な不具合を事前に特定するプロセスを確立し，予防処置の必要性を評価しなければならない。その上で，潜在的な不具合が特定されたときは，組織は前述したような対応をとらなければならない。さらに，組織はアセットマネジメント及びアセットマネジメントシステムの適切性，妥当性及び有効性を継続的に改善することを求められている。

2.5 おわりに

　本章ではISO55000シリーズよるアセットマネジメント及びアセットマネジメントシステムについて概説した。我が国の多くのインフラ資産に関しては法律で管理者が定められ，資産の維持管理はそれぞれの管理者の責任において行われている。インフラ資産の管理者が実施するアセットマネジメントにおいて，ISO55000シリーズの認証を取得するかどうかの意思決定にかかわらず，アセットマネジメントの実践に同シリーズが規定しているマネジメントの考え方を導入することは極めて有用である。また，海外でBOT（Build, Operate and Transfer）方式やコンセッション契約にて施設の維持管理を担うような場合，適切なアセットマネジメントを実施することができる証左としてISO55000シリーズは有効であろう。さらに，ISO55000シリーズはアウトソースされたプロセスや活動にも適用されるものである。我が国のインフラ資産の維持管理ではアウトソースされる業務が少なくなく，今後，このような業務に対してISO55000シリーズが適用されることも想定される。

参考文献
1）土木学会メインテナンス工学連合小委員会編：社会基盤メインテナンス工学，東京大学出版会，2004.
2）土木学会編：アセットマネジメント導入への挑戦，技報堂出版，2005.
3）日本規格協会：ISO/IEC専門業務用指針　統合版ISO補足指針，第5版，2014.
4）British Standards Institution：PAS 55-1 2008 Asset Management, Part 1：Specification for the optimized management of physical asset, 2008.
5）British Standards Institution：PAS 55-2 2008 Asset Management, Part 2：Guidelines for the application of PAS 55-1, 2008.
6）ISO55001要求事項の解説編集委員会編：ISO 55001：2014 アセットマネジ

メントシステム　要求事項の解説，日本規格協会，2015.
7) 日本規格協会：ISO 55000：2014　アセットマネジメント－概要，原則及び用語，英和対訳版，2014.
8) 日本規格協会：ISO 55001：2014　アセットマネジメント－マネジメントシステム－要求事項，英和対訳版，2014.
9) 日本規格協会：ISO 55002：2014　アセットマネジメント－マネジメントシステム－ISO 55001の適用のためのガイドライン，英和対訳版，2014.

第3章 アセットマネジメントの国際比較

3.1 はじめに

　1990年代にアセットマネジメントという言葉が使われるようになって以来，インフラ資産を適切に管理して資産価値を高めることの重要性が世界的に認識され，現在では，程度の差はあるがどこの国においても，インフラ資産に対して何らかの維持管理が実施されていると言ってよい状況である。インフラ資産の中でも，道路は基幹的な役割を担っており，また舗装等は寿命が比較的短く定期的な補修・更新が必要であることから，維持管理の必要性が早くから認識されていた。IT技術の発展とともに，道路資産の管理にもITが導入され，資産台帳等のデータベースシステムや，状態評価・補修の優先順位付け等の分析ソフトウェアも次々に開発・導入されてきた。特に，舗装マネジメントシステム（PMS：Pavement Management System）と橋梁マネジメントシステム（BMS：Bridge Management System）は，比較的汎用性が高く，後述するような商業用の汎用ソフトウェアが数多く開発されている。

　本章では，インフラ資産の中でも道路資産に着目し，BMS，PMS等のいわゆる支援ツール（アセットマネジメント・ソフトウェア）と，維持管理契約形態について，世界のいくつかの国における事例を紹介するとともに，ISO55000シリーズの制定が与えるインパクトについて考察する。

3.2 アセットマネジメントの国際標準化

　2014年1月にアセットマネジメントの国際規格であるISO55000シリーズが発行された。我が国においても，2012年12月の笹子トンネル天井板落下事故を契機としてインフラ資産の維持管理の重要性が社会的に大きく認識され，ア

セットマネジメントの考えも浸透しつつある。国土交通省は，発行されたISO55000シリーズに日本国内で対応するため，まずは下水道分野においてISO55001適用ガイドラインを策定し[1]，既に認証取得の事例も出てきている。ISO55000シリーズ策定プロジェクト委員会（PC251）の幹事国を務め，議論を主導してきたイギリスにおいては，アセットマネジメント研究所（IAM：The Institute of Asset Management）により，ISOの発行後直ちに，ISO55000シリーズに適合する形でアセットマネジメントについて包括的に網羅した解説書であるAsset Management – An Anatomy Ver.2が公開されたほか，オーストラリアでも，Asset Management CouncilがISO55000シリーズに特化した手引書であるCompanion Guide to ISO 55001を発行するなど，ISO55000シリーズの発行を受けて各国が対応に動いている。

　アセットマネジメントを実施するには，保有する資産のリスト，点検や損傷状態のモニタリングの結果及び修繕・改良といった維持管理履歴，ライフサイクル費用等，膨大な量のデータを管理し，今後の劣化予測，予算制約も踏まえた最適な投資戦略を分析する必要があるため，これらの作業を支援するアセットマネジメント・ソフトウェアの導入が不可欠になっている。この点，ISO55000シリーズは，アセットマネジメントのためのマネジメントシステムについて規定されたいわゆるプロセス標準であり，実際のアセットマネジメントの手順は各組織の判断で決定することになっている。このためアセットマネジメント・ソフトウェア等のツールに関する要求事項はISO55000シリーズには規定されていない。しかしながら，ISO55001の箇条7「支援」の中の7.5で「情報に関する要求事項」が記載されるなど，データマネジメントの重要性が強調されている。

3.3　PMSの国際デファクト標準化

3.3.1　PMSとCOTSモデル

　アセットマネジメントを支援するアセットマネジメント情報システムには，

組織自らが独自に開発したもの,商用の汎用的なものなど,様々なものが存在する。商用の汎用情報システムは,COTS(Commercial Off-the-Shelf)モデルと呼ばれている。世界銀行が中心となって開発した舗装マネジメントシステムのHDM-4が代表的な例である。独自開発のシステムとCOTSモデルの特徴は**表3-1**のようにまとめられる。

表3-1　COTSモデルと独自開発モデルとの比較

	COTSモデル	独自開発モデル
ソフトウェアの価格(開発費用)	比較的安い	一般的に,COTSモデルよりも高い
導入後のメンテナンス	通常,複数の業者の中からメンテナンス業者を選定可能(複数の業者が対応可能)	開発を行った業者に将来的にも依存し,メンテナンスコストが高くなることが多い
導入にかかる時間	システム開発に要する時間が不要である一方,ソフトウェアに合わせて組織を再編成する必要がある場合が多い	システム開発に時間を要するが,ある程度既存の組織に合わせたシステムが可能なので組織の再編成に要する時間は少ない
試行	過去の導入実績を経てある程度不具合の解消や機能の改良がなされている	試行期間中はソフトウェアのバグ等の不具合が発生することが多い
機能	通常,多くの機能を備えているが,組織の要求に必ずしも適合しているとは限らない	組織の要求に適合した機能を備えることが可能だが,一般的に備えている機能は少ない
アップグレード	ソフトウェアのアップグレードが継続して実施されていることが多い。ただし,アップグレードのスケジュールはソフトウェア提供者側に依存する	基本的にアップグレードは実施されないが,希望をすれば(対価を支払えば)いつでもアップグレードが可能
知識の共有	同じソフトウェアを使用するユーザー同士の会合等で知識の共有ができる	同じソフトウェアを使用するユーザーがいないので,知識の共有機会がない
カスタマイズ	個別の要望に応じるのは困難	組織の状況に合わせたシステムが可能

アセットマネジメント情報システムの中でも,舗装マネジメントシステム(PMS),橋梁マネジメントシステム(BMS),そしてそれらを複合した道路マネジメントシステム(RMS:Road Management System)に関しては,世界中で様々なCOTSモデルが開発されている。代表的なものを**表3-2**に示す。組

第3章 アセットマネジメントの国際比較

表3-2 代表的なCOTSモデル

分　類	ソフトウェア名称	開発者/提供者（開発国）
舗装マネジメントシステム （PMS）	HDM-4 Version 2	HDM Global（国際コンソーシアム・本部は英国）
	RONET	世界銀行（国際機関・本部はアメリカ）
	HERS-ST	FHWA（アメリカ）
	RealCost	
	Agile Assets Pavement Pavement Analyst V5	AgileAssets（アメリカ）
	MicroPAVER	US Army-ERDC（アメリカ）
	PAVEMENT view	CarteGraph（アメリカ）
	Stantec PMS	Stantec（カナダ）
	MARCH PMS	Yotta（英国）
	DWM PMS	DWM（英国）
	SMEC PMS	SMEC（オーストラリア）
	ROMDAS	Data Collection Ltd.（ニュージーランド）
橋梁マネジメントシステム （BMS）	PONTIS	AASHTO（アメリカ）
	BRIDGIT	National Cooperative Highway Research Program（アメリカ）
	Extor Structures Manager	Bentley（アメリカ）
	Stantec BMS	Stantec（カナダ）
複合マネジメントシステム （IMS/RMS）	Asset Manager	AASHTO（アメリカ）
	Extor Highways	Bentley（アメリカ）
	dTIMS CT	Deighton Associates Ltd.（カナダ）
	HIMS	HIMS Ltd.（ニュージーランド）
	ICON	GoodPointe Technology（アメリカ）
	INSIGHT	Symology Ltd.（英国）
	Rosy	Carl Bro Pavement Consultants（デンマーク）
	SMART	Ramboll（スウェーデン）

※参考文献2)を基に著者作成

3.3 PMSの国際デファクト標準化

織は必要に応じてこれらのアセットマネジメント情報システムをカスタマイズし，また組み合わせることにより，組織の状況に適したアセットマネジメント情報システムを作り上げていく。

ISOのように標準化機関によって制定されるデジュール標準に対して，マネジメントの現場では一度導入されたソフトウェアがデファクト標準となり，周辺の付加的な情報システム，製品も含めて，他のものを排斥してしまうという現象が起きる。ISO55000シリーズの発行により，アセットマネジメント市場におけるアセットマネジメント情報システムの重要性はますます高まり，ソフトウェアのデファクト標準化競争が激しくなることが予想される。アセットマネジメント先進国であるイギリスやオーストラリア等では既に，ソフトウェアと技術的サポートを含めた，アセットマネジメント情報システム導入のコンサルティング事業が，ISO55001の認証事業と並び大きな市場を形成しようとしている。

舗装マネジメントシステム（PMS）について，日本及び諸外国で使用されているソフトウェアの状況を**表3－3**に示す。先進諸国では，自国の状況に合わせて独自に開発したアセットマネジメント情報システムを利用している場合がほとんどである。中進国，開発途上国では，独自にアセットマネジメント情報システムを開発している国もあるが，既存のアセットマネジメント・ソフトウェアを利用している場合が多く，中でもHDM-4の利用が目立つ。HDM-4は，世界銀行が中心となって開発したアセットマネジメント・ソフトウェアであり，中進国，開発途上国の多くでPMSを導入する際に世界銀行の支援があったことが大きく影響している。しかしながら，開発途上国においては，不十分な入力データやソフトウェアを利用する技術者の不足等の事情により，導入されたPMSが機能していないケースも多い。

第3章 アセットマネジメントの国際比較

表3-3 世界各国におけるPMSの利用状況

国	PMS
日本	国レベル，地方レベルともに，独自に開発した舗装管理支援システム
アメリカ	州レベル：連邦政府のFHWA（Federal Highway Administration）が開発したHPMS（Highway Performance Monitoring System）の使用を推奨。独自開発システムを利用する州もある（ワシントン州等）
英国	国レベル：独自開発のシステムであるHAPMSを使用 地方レベル：国のマニュアルによって認可された汎用PMSを使用
ニュージーランド	独自開発システムを使用 実際の運用（維持管理）は民間企業に委託
スウェーデン	既存のシステムを利用し，独自に開発
カナダ	地方政府が独自に開発したシステムを使用している例が多い
南アフリカ	HDM-4，dTIMS，その他独自開発システムを使用 ただし，大部分の自治体では機能していない
タイ	HDM-4の予測モデルをベースに，大学との連携によりTPMSを独自開発
マレーシア	HDM-4を中心とする
ブラジル	HDM-4を中心とする
チリ	HDM-4を中心とする
キルギス	HDM-4を導入したが定着していない
ベトナム	HDM-4，Rosyを導入したが定着せず，京都モデルをベースとして現地大学との連携により開発したシステムを導入
ウガンダ	HDM-4を導入したが定着していない
ケニア	HDM-4を導入したが定着していない
バングラデシュ	DFID（Department for International Development：英国国際開発省）が開発したPMSを導入したが定着していない
モザンビーク	HDM-4を導入したが活用されておらず，新しいシステム（HIMS）を独自開発中
ラオス	HDM-4をベースとするRMSを使用
エジプト	独自開発システムを使用
フィリピン	独自開発システムを使用，一部HDM-4（予算計画）を使用

※参考文献3)を基に著者作成

3.3.2 PMS導入の取組み（ベトナムの事例）

　ベトナムでは，2001年にPMSとしてHDM-4が導入され，2003年には試行が行われた．その後も，HDM-4やデータベースソフトウェアであるRosyBASEの導入，ソフトウェアへの入力に必要な路面性状データの計測が主に世界銀行やアジア開発銀行等の支援により実施されたが，ソフトウェアへの入力項目の多さなどからアセットマネジメント情報システムが定着しておらず，PDCAサイクルを基本とするアセットマネジメントは実質的に機能していなかった．

　このような状況の中，京都大学は，ハノイ交通通信大学（UTC：University of Transport and Communications）と，HDM-4よりも簡便でかつより実用的な舗装マネジメントソフトウェアである京都モデルを共同開発し，ベトナム政府の保有するデータを用いて舗装の劣化予測，補修費用評価等が可能なことを確認した．また，ベトナム政府担当者，エンジニア，研究者等の能力開発のため，道路アセットマネジメントのマネジメントシステム，要素技術，先進事例の紹介等を含む，短期集中型の包括的な研修を，2005年から実施し，ベトナム側へのアセットマネジメント導入の組織基盤の形成を試みている．

　2012年からは，JICAの支援によりベトナム北部の路面性状調査を実施し，京都モデルの試験的導入を経て，2014年からは対象地域をベトナム全土に拡張すべくデータの収集やアセットマネジメント情報システムの整備を進めている．

　京都モデルの概念に関しては，第12章に詳述するが，京都モデルは，①従来のアセットマネジメント情報システムとのデータ上のコンパチビリティの確保，②ソフトウェアのオープン化（ブラックボックスを作らない），③それにより，各国の実情に応じたソフトウェアのカスタマイズを可能とする，という3つの特徴を持つ舗装マネジメントのソフトウェアであり，舗装の劣化予測には，過去の計測データを用いて統計的に劣化曲線を設定する手法を用いて，少ない入力データで精度よく劣化予測することを可能にしている．

　また，導入に際しては，HDM-4によるPMSが定着しなかった経験を踏まえ，ソフトウェアの導入よりも先に，現地でトレーニングコースを継続して実施し，

人材の育成を通じた現地の受入れ体制の形成に注力した．その上で，京都モデルという既存のモデルを，現地の大学とのアライアンスによって，現地の状況に合わせてカスタマイズすることで，持続可能なPMSを実現しようとしている．

　COTSモデルの長所と短所は先に整理したとおりであるが，ベトナムにおける京都モデルの事例のように，コアとなる技術を標準化しつつ，従来のアセットマネジメント情報システムとのコンパチビリティや各国の事情に応じたソフトウェアのカスタマイズの余地を残すことにより，COTSモデルの長所を活かしながら短所を補うことが可能である．この事例の場合，ベトナムの事情に詳しい現地機関（UTC）とのアライアンスを組み，UTCを中心としてカスタムモデルの開発を行ったことが成功の大きな要因と考えられる．特にアジア諸国は高コンテクスト文化の国と言われる．コンテクストとは，文化・歴史的背景や習慣など，言語以外の手段によって表現されるものであるが，高コンテクスト文化の国では，これらのコンテクストを前提としてコミュニケーションが成り立っており，言語によって表現されるのは限られた情報であることも多い．そのため，多くの場合，同じコンテクストを共有しない外国人が発言や行動の真意を理解するのは困難である．したがって，現地機関とのアライアンスのもと，現地の文化に配慮し，現地の方法を尊重することで，受入れ，持続可能なシステムの開発と導入が実現されたと考えられる．

　また，これと合わせて，技術研修による人材育成の効果も見逃せない．2005年に世界銀行は，世界各国における道路マネジメントシステム（RMS）の導入状況を調査し，成功の要因を分析した[4]．このレポートでは，ソフトウェアの性能等の技術面もさることながら，マネジメント手順と人材の組織化の重要性が強調されている．いくら高性能なソフトウェアを導入しても，それを運用する人材の能力，そして意識を向上させなければ，期待通りの成果をあげることは不可能である．成功するRMSには，システムに直接関わる技術部門だけでなく，組織全体の協力，とりわけ組織上層部の理解とコミットメントが必要不可欠である．これを欠いて，ソフトウェアの導入と技術者のトレーニングだ

けを実施しても，持続可能なシステムとはならない。ベトナムにおける京都モデルの例は，このことを顕著に示しているといえよう。そして，上層部のコミットメントは，まさにISO55000シリーズが強く要求していることであり，ISOの要求に従って，ソフトウェアと組織が一体となった，アセットマネジメントシステムを作り上げることにより，効果的なアセットマネジメントが実施できるということなのである。

3.3.3 国際標準化競争に向けて

ISO55000シリーズの発行により，アセットマネジメント・ソフトウェアのデファクト標準化競争がますます激しくなることが予想される。舗装マネジメントシステムの分野では，世界銀行の開発したHDM-4が，開発途上国を中心にかなりのシェアを占めているが，ベトナムのように導入をしても機能していなかったり，予測精度や使用性の点で，必ずしも満足のいく結果を出しているわけではない。

インフラ資産の管理には，管理主体，資産の内容・規模，技術水準，割り当てられる予算，さらに気候や文化・歴史的背景（コンテクスト）等，国・地域によって様々な特性がある。ある国で大きな成果を上げたアセットマネジメント・ソフトウェアが，全ての国で同じようにうまく機能するとは限らない。特に日本やアジアの多くの国のような高コンテクスト文化の国では，現地のコンテクストに合わせた形でのローカリゼーションが不可欠である。このような状況の下では，できあがった単一のシステムがデファクト標準を勝ち取ることは難しい。コアとなる技術を標準化し，従来のアセットマネジメント情報システムとのコンパチビリティと現地の実情に応じた制度補完的なカスタマイズによって，システムの多様性を受入れることのできる標準化，すなわち多様化標準情報システムによって国際デファクト標準化が達成されるのである[5]。

他の要素技術同様，アセットマネジメント・ソフトウェアに関しても，技術水準が高いほど受け入れられるというわけではない。複雑で高性能なソフトウェアは，期待に沿った成果を上げるために，基礎となるデータの入力を始め，

利用者の技術を要求するものが多い．特に開発途上国等利用者の技術が未熟であったり，組織内の異動により利用者が頻繁に交代するような場合には，このようなソフトウェアを使いこなすのは困難である．それよりも，専門外の者でも視覚的に理解しやすく，手軽に利用できるソフトウェアの方が継続して使用でき，結果として望む効果を得られやすいことも多い．現地とのアライアンスを組むことによって，現地のコンテクストに合わせたローカル化をすることも必要であろう．重要なのは，たとえ不完全なものでもPDCAサイクルを回していくことで，ISO55000シリーズは，要求に従ってPDCAサイクルを回していく中で，アセットマネジメントシステムが確実に向上するように設計されている．そのために，ソフトウェアの導入と合わせて，導入する組織の技術力の底上げ，組織的なバックアップを得られるようなマネジメント層を中心とした啓蒙，といった複合的なサポートが必要不可欠である．

3.4 アセットマネジメントと維持管理契約

3.4.1 近年の維持管理契約の概観

3.3では主にマネジメントの支援ツールであるアセットマネジメント・ソフトウェアについて見てきた．ここからは，同じアセットマネジメントの実践の中でも，維持管理の契約形態について諸外国の状況を紹介したい．

日本では，道路資産の維持管理業務は，管理者である国・地方自治体等が，修繕等の業務内容を指定するいわゆる「仕様規定」で民間のコントラクター等に発注するのが一般的であり，契約期間も，単年度とすることがほとんどである．下水道分野においては，複数年にわたる包括的な管理委託が進められており，道路維持管理分野でも，試験的に性能規定発注の取組みも実施されているが，公共性の高いインフラ資産において，維持管理の不良が原因で事故や損害が生じた際の責任を民間の受託事業者に帰することが難しい日本の法的・社会的背景があり，大胆な民間委託は進めにくいという事情がある．

一方，諸外国では，PFI（Private Finance Initiative）発祥の地である英国や，

3.4 アセットマネジメントと維持管理契約

早くからアセットマネジメントに取り組んできたオーストラリア, ニュージーランド等を中心に, 道路資産の維持管理においても, 複数年契約の性能規定による, 包括的な民間委託の取組みが数多くなされている.

中進国である南米のブラジルやチリなどでは, 世界銀行が道路維持管理への支援を実施する中で, コンセッション契約による維持管理の導入が進んでいるほか, 開発途上国では, タイやフィリピンなど, 主にコスト面での優位性より, コンセッションやBOT等, 民間活力を活用したスキームが取り入れられている. 3.4.2以降では, これらの新しい契約形態について特徴を取りまとめ, 制定されたISO55000シリーズとの関係について考察したい.

3.4.2 維持管理の契約形態
（1）仕様規定と性能規定

我が国を含めた世界で, 従来採用されてきた発注形態は, 業務の内容, 例えば道路の維持管理であれば, 修繕箇所, 構造様式等を指定し, その数量に応じた金額を支払う, いわゆる仕様規定と呼ばれる発注形態である. これに対して, 性能規定とは, 修繕箇所の構造や数量を規定するのではなく要求される性能, 例えば道路の維持管理であれば平坦性等を規定し, 達成された性能に応じて支払いを行うような発注方法である. 性能規定の中でも, 対象とする資産の範囲（単一の橋梁のみ／道路ネットワーク全体など）や支払条件（一定の箇所においては数量に応じて支払う仕様規定方式を取るなど）, 業務の範囲（日常的な維持業務のみ／大規模修繕や改良・更新を含むなど）によって様々なスキームがあり, それぞれに特徴を有するが, 一般的に, 従来の仕様規定と比較して性能規定による道路維持管理は, 管理者にとって下記のような長所を有する[6].

（a） 受託事業者側の技術革新等による維持管理コスト低減のモチベーションが向上し, また契約管理が簡素になるため道路管理者側のスタッフ人数も抑えることができ, 結果的に維持管理にかかる総コストを低減することが可能.

（b） 工事内容の変更等に伴う契約変更をする必要がなく, また一般的に受託

事業者への支払は達成性能水準に応じて契約期間内の一定期間ごとに支払うというスキームで、予算超過リスクの一部を受託事業者に転嫁し、支出の確実性を向上させることが可能。
（c） 仕様・数量を規定しないため、一般に契約書類の作成手続き、管理手続きともに簡素になり、少ないスタッフで広範な道路ネットワークを管理することが可能。
（d） 要求する性能指標を、道路ユーザーの便益と一致させることにより、ユーザーの満足度を向上させることが可能。
（e） 一般に、性能規定の維持管理契約は仕様規定よりも契約期間が長いため、長期間の予算確保が可能。

これらの長所を有するため、性能規定契約は1990年代頃からカナダ、オーストラリア、ニュージーランド等で採用されるようになった。また、世界銀行の推進により、開発途上国でもラテンアメリカ諸国を中心に採用する動きが広がっている。

一方で、性能規定契約の効果を発揮するために、仕様規定にはないような難しさもある。例えば、基礎となる道路性状データを正確に把握していないと、要求する成果（性能レベル）を維持するために必要とされる業務、ひいては適正価格を設定することができない。特に開発途上国においては、過積載車両が予期せぬ舗装の早期劣化の原因となり、受託事業者の維持管理コストに転嫁されるケースがみられる。また、受託事業者のインセンティブを発揮できるような性能指標の設定や、要求を満たさなかった場合のペナルティ、不測の事態における道路管理者／受託事業者のリスクの適切な分担といったノウハウが必要である。さらに、道路管理者・受託事業者の双方に、上記の事項を正しく設定・評価できるような技術者が必要である。このため、世界銀行では、互いの理解を深化、確認するために、発注に先立ちPre-bid Workshopを実施することを推奨している。

（2） PPP（Public Private Partnership）
PPPは、性能規定と関連して、近年注目を集めている事業実施方式である。

3.4 アセットマネジメントと維持管理契約

PPPの厳密な定義は様々であるが，一般に，政府による従来の公共調達と完全な民営化との間に位置付けられるものであり，民間企業のノウハウを活用して公共サービスの質や効率性（VFM：Value for Money）を向上させることを目的とするもので，政府が負っていたリスクの一部を民間企業に移転しているのが大きな特徴である[7]。PPPには，国によって，また詳細なスキームによって，種々の呼称や分類がある。代表的なPPPの形態と特徴を表3－4に示す。

表3－4 代表的なPPPの形態と特徴[8]

選択肢	（参考：従来型業務委託）	アウトソーシング/指定管理者制度	アフェルマージュ	コンセッション	PFI	BOT/BOO※
資産の所有	公共	公共	公共	公共	民間公共	民間（BOTは事業期間中のみ）
施設の整備/資金調達	公共	公共	公共	民間	民間	民間
運営/維持管理	一部民間	民間	民間	民間	民間（一部公共の場合も）	民間
民間の収入源	作業完了に対する公共からの対価	サービス提供の対価（業績連動型あり）	利用料金	利用料金	業績連動型サービス対価又は利用料金	利用料金
プロジェクト期間（年）	1-2	3-7	10-15	20-30	10-30	15-30
民間の権限とリスク	低	中	中	高	高	高

※BOO：Build, Operate and Own

サービス提供者（民間企業）のイニシアティブによる事業の効率化を目的とする点で，PPPと性能規定とは類似しており，性能規定契約の履行ノウハウの多くはPPPにおいても役に立つ。世界銀行ではPPPも性能規定に含まれると

いうスタンスを取っており，政府がPPPを実施するためのノウハウを取得するためにも，性能規定を取り入れることが有用であるとしている。

3.4.3 各国における事例

道路の運営，維持管理の具体的な実施方法は，国によって様々である。契約形態についても，その国の法制度，受託事業者の能力，文化的背景等様々な要因に影響を受け，どの方法が優れていると一概には言えないが，近年見られる傾向として，道路ユーザーの利便性の重視と，民間企業の役割の増加が挙げられる[9]。

（1）英国

英国では，運輸省（Department of Transport）の高速道路庁（Highways Agency，2015年 Highways England に名称変更：HE）が国レベルの道路アセットマネジメントを実施している。管理しているのは，高速道路と主要幹線道路合わせて約7,000kmで，戦略的道路ネットワーク（Strategic Road Network）と呼ばれている。HEは，イングランド地方を12の地域に分割し，それぞれ民間の受託事業者に通常5年の契約で維持管理を外注している。この契約は，Managing Agent Contract（MAC）又は Asset Support Contract（ASC）と呼ばれている。ASCは，MACに代わり2012年から順次導入されている契約方式で，新たな管理基準である Asset Maintenance and Operational Requirements（AMOR）を採用し，コストと品質を重視した内容となっている。このほか，大規模修繕・改良や新規道路の建設とその後の運営・維持管理をPFI形式で行う，DBFO（Design Build Finance and Operate）方式も採用している。HEは，これらの民間活用や，契約内容の見直しを通じて，維持管理の効率化を継続して進めている。HEは，2015年に国有企業化され，今後さらなる効率化と商業化を達成する計画である[10]。

（2）ブラジル[3],[11]

ブラジルでは，1995年に既存道路の拡幅，修繕，維持管理をコンセッションで行う方式が導入された。この時実施されたフェーズ1，その後2007年頃から

3.4 アセットマネジメントと維持管理契約

実施されたフェーズ2の2段階を経て，2013年時点で約16,000kmの道路がコンセッションで管理されており，中国に次ぎ世界で2番目に長いコンセッション道路を有する国となっている。連邦道路のコンセッションはANTT（National Agency for Land Transport）が，州道のコンセッションは各州の担当機関が実施している。

初期のコンセッション契約では，発注者が修繕等の主要投資計画を作成し，コンセッショネアはこれに基づいて工事を行う形であったが，近年ではコンセッショネアが当初10年間に修繕を実施し，交通量が一定以上に達した場合に道路拡幅を行うほか，舗装の平坦性や料金所通過時間に関する基準も順守するなど，コンセッショネア側へ要求される性能（成果）がより多くなっている。コンセッション方式の導入により，道路の状態が改良され，政府の不正・腐敗の防止に役立っている。連邦道路を有料化することによって政府はコンセッショネアから収入を得て，コンセッショネアは新たなビジネスに参入し，道路の状態が改善されて道路ユーザーの満足度も向上している。

（3）マレーシア[3]

マレーシアでは，1,700kmある高速道路のうち1,400kmがBOT方式で建設されるなど，政府の積極的な民営化政策の一環として，1980年代後半から道路建設・維持管理への民間活力の活用が行われてきた。現在，マレーシアの高速道路は全て，マレーシア高速道路公社（LLM）の管理の下，23のコンセッショネアにより運営・維持管理されている。コンセッショネアは，道路の現況把握，維持管理計画の策定を含めた全ての維持管理業務を担当し，LLMは，コンセッション契約に定められたパフォーマンス水準が維持されることを確保する監督業務を行っている。

一方，マレー半島の国道約14,000kmは，Ministry of Worksの下のPublic Works Department（JKR）が管理しているが，2000年から維持管理業務のコンセッションが行われている。コンセッションは，北部約3,000km，中部約7,000km，南部約4,000kmの3つに区分された地域に，15年の期間で実施され，5年ごとにレビューが行われている。コンセッション契約は性能規定ではなく，

仕様規定となっており，コンセッショネアへの支払は，指定した業務量に作業単価を乗じて計算される．

3.4.4　ISOと包括的維持管理契約

3.4.3で紹介した3つの国は，それぞれ細かな契約内容は異なるが，民間の受託事業者の裁量を広げ，ユーザーの利便性を確保しながら維持管理の効率化を図るという点で共通しており，この傾向は，今後も続くと考えられる．

ISO55000シリーズが対象とするアセットマネジメントは，保有資産の日常的な維持・修繕のみならず，更新・改良・廃棄等の意思決定を含むものであるため，基本的には資産保有者を対象とした内容となっている．しかしながら，ここで紹介したような，民間の受託事業者が長期間にわたり，ある程度の自由度をもって維持管理業務を受託する場合には，資産保有者でなくてもISO55000シリーズに沿ったマネジメントシステムを作り上げることが可能であり，そのような契約を受けている受託事業者がISO55001の認証を取得することも可能である[1]．このことは，このような包括的な維持管理業務の受託やコンセッション契約に入札する際に，ISO55001の認証取得が条件として義務付けられる可能性も十分にありうるということも意味する．先の事例で述べたように，世界各国で，民間の受託事業者による，より自由度の高い包括的な道路維持管理が実施されているが，残念ながら契約を受注している受託事業者の中に日本の企業はない．日本の単年度・仕様規定発注に慣れている企業では，このような包括的な維持管理契約に対するノウハウが蓄積されないのである．

日本企業が，海外建設市場でISOを武器に活躍するために，認証取得が必須ということになるが，現在の日本の道路維持管理のほとんどで実施されている単年度契約の仕様発注では，受託事業者はISO55001の認証を取得することも，道路アセットマネジメントのノウハウを習得することもできない．日本の道路アセットマネジメントにおいても，民間の受託事業者への包括的委託を取り入れることにより，民間の受託事業者の育成，コストの削減，そしてISO55001の認証取得をバックアップすることが可能であり，今後そのような取組みが期待される．

参考文献

1) 国土交通省 下水道分野におけるISO55001適用ガイドライン検討委員会：下水道分野におけるISO55001適用ユーザーズガイド（素案改訂版），2014.3.
2) Daisuke Mizusawa：Road Management Commercial Off-The-Shelf Systems Catalog, 2009.
3) 国際協力機構：道路・橋梁維持管理に関する情報収集・確認調査報告書，2013.1.
4) The World Bank：Success Factors for Road Management Systems, 2005.
5) 小林潔司，原良憲，山内裕：日本型クリエイティブ・サービスの時代，日本評論社，2014.
6) The World Bank：Performance-based Contracting for Preservation and Improvement of Road Assets, Transport Note, No.27, 2005.
7) OECD：官民パートナーシップ—PPP・PFIプロジェクトの成功と財政負担，明石書店，2014.
8) 野田由美子：民営化の戦略と手法，日本経済新聞社，2004.
9) The World Bank：A Review of Institutional Arrangements for Road Asset Management：Lessons for the Developing World, Transportation Papers, No.32, 2010.
10) Government of UK：Highways Agency annual report and accounts 2013 to 2014, 2014.
11) The World Bank：Private Participation in the Road Sector in Brazil：Recent Evolution and Next Steps, Transportation Papers, No.30, 2010.

第4章　アセットの整理

4.1　資産の状況把握

4.1.1　基本情報

　ISO55000に示されている用語の定義では，アセット（asset）とは「組織にとって潜在的に又は実際に価値を有するもの」，アセットマネジメント（asset management）とは「アセットからの価値を実現化する組織の調整された活動」とされている。インフラ資産のアセットマネジメントを考える場合，アセットの範囲をどう捉えるかに関しては様々な考え方があるが，ここでは主に公共機関が管理するハードの資産を対象として話を進める。

　例えば，国土交通省という機関を考えると，道路や河川などの構造物・施設・機械等の公共構造物群がアセットとみなせる。「アセットからの価値」は，国民の利益・利益向上であり，納税者からの期待に応えることである。さらには，具体的な政策へとブレークダウンされるが，道路を例にとると，限られた予算の中で，新設の構造物を造り既存の構造物を維持管理・運用しながら，経済活動や日常生活を支え，防災等で安全性を確保し，住民に最大の便益をもたらすようにするのがアセットマネジメントである。そのためにはまず，資産の保有状況や健全性及び運用状況などの基本情報の把握が必要である。

　基本情報として何をどこからどこまでデータ化するかは，組織の状況や構造物の役割，情報化するときのコストと便益，技術的な制約などで一律には決められない。しかし，適切な維持管理・戦略的な維持管理を行うには，構造物が将来どのように劣化するのかを推測する必要があり，おのずと不可欠な情報の内容は定まってくる。**表４－１**に維持管理に必要な構造物のデータの項目を例示する。

　残念ながら，つい最近までの我が国ではインフラ資産を新しく建設すること

に力点が置かれ，維持管理がそれほど重要視されなかった時期が長かったため，こうした情報を最近になって整備し始めた機関も多い。例えば道路では，2000年以降に地方自治体に至るまで補修計画の策定の必要性が叫ばれるようになってからは，橋梁やトンネル，舗装については状況が改善されつつある。それ以外の構造物については，緊急性が低いこともあり，いまだに手が付かない状況である。

表4－1　構造物のデータの例

項目	情報内容の例
① 基本データ	名称・コード，所在地，建設年，構造形式，設置環境，交通量など
② 竣工時資料	設計図書，準拠基準，施工記録，設計者・施工者など
③ 維持管理データ	点検履歴，診断情報（劣化箇所，劣化状況，劣化原因，将来予測），補修履歴，補修後経緯
④ その他	財務関連情報など

　表4－1のデータの情報源としては，①基本データと②竣工時資料については，今日のように設計・施工者によるデジタルデータの提出が義務付けられている状況では，自動的に入手できるものもある。古い構造物ではデジタルデータどころか紙の資料さえ残っていないことも多い。特に1985年より以前の竣工の構造物では，旧建設省でさえ設計図書や施工関連資料の長期保管が義務付けられていなくて，何ら情報が残っていない重要構造物もある。現在は，国土交通省などでは重要構造物の資料は，維持管理の観点から永久保存が義務付けられている。地方自治体などでも急速に重要構造物の台帳が整備されつつある。

　構造物に永久に何事も問題がなければ，こうしたデータが必要とされる機会は少ないであろう。ところがひとたび劣化が発見されたりすると，その構造物を特定するための①基本データはもとより，②竣工時の各種の資料が必要になることが多い。表4－1の③維持管理データも必須のものである。ところが

4.1 資産の状況把握

データが準備されていないと，劣化箇所や劣化状況などの診断情報も記録されないし，補修が必要であるという判断を行った経緯や選択した補修方法やその実施時期などの情報も記録されない。実際に，古い構造物の点検に行くと，過去に何度も補修された形跡があるものの，何の情報も残されていないため，劣化状況の診断に加え，過去の補修についても調査しなければならないことも少なくない。

4.1.2 資産の階層化と維持管理の単位

上記の**表4－1**の構造物のデータは，基本的には構造物ごとに示されることになる。しかし，構造物といっても単純な部材の小さな構造物から，連続した大規模構造物，大型構造物，複合した構造物など様々な形態のものがある。特に維持管理データについては，構造物ごとというよりは，さらにブレークダウンした部材レベルあるいは舗装などでは小さい区間レベルでの，劣化や既補修に関する情報が必要となることが多い。

道路構造物を例にとると，資産の階層は**図4－1**のようになる。資産の整理としては「△△橋梁」や「××トンネル」などの単位が便利である。しかし維

図4－1　インフラ資産の階層のイメージ

持管理となると,「橋梁上部工の内のある特定の桁」,「〇mから△mまで区間の覆工」などを明確にしないと機能しない。竣工時にカルテ様式のデジタルデータが完備しているような状況でもなければ,情報の収集や保存の手間・経費などを考えると,既存の構造物では点検時に異常を発見して初めて部材ごとの情報が収集・保存されることになると思われる。劣化の状況によっては,さらにブレークダウンした**図4-1**の最下段に位置する部品レベルでの情報の記録が必要になることもある。

　点検・補修データに基づいて,維持管理計画を立てることになるが,どの程度の単位で維持管理を実施していくのが合理的であろうか。非常に軽微な劣化で,しかもその手当てが手軽に行えるものであれば,日常点検や定期点検の際に点検技術者が手当てをすることも多い。例えば,コンクリートの小さな浮き剝離がある場合に点検時に叩き落としておく,鋼材の塗装が一部はがれていた場合にその部分だけ塗っておく,などである。しかし,本格的な補修工事が必要な場合には,足場が必要になったり通行規制が必要になったりするので,劣化の軽重にかかわらず,ある範囲の補修を一気に実施する場合が多い。このときの範囲の決定は,上述の資産の管理のための単位とは別に,様々な条件を総合的に判断して決められることが多い。

4.2　データベース

4.2.1　データベースの必要性

　現在,様々なところでデータベースの活用や,ビッグデータの活用が叫ばれている。1990年代の一時期,国土交通省などは地方自治体も視野に入れた舗装や橋梁などのビッグデータ活用の維持管理データベースの構築を試みたことがある[1]。日本全体の道路橋や舗装などの維持管理データをデータベース化し,活用していこうという構想であった。個別の構造物の維持管理にとってもカルテは重要であるが,アセットマネジメントではさらに巨大なデータベースの重要性が増すという認識が,その構想の背景にはある。順調に進んでいれば,医

療分野と伍するようなシステムができていたかもしれない。しかし，今のところ各機関がそれぞれの分野別にデータベースを構築しつつあるのが現状である。

　各管理機関では何らかのデータを残しておく必要がある。かつては，紙ベースの帳簿形式のものが使われていたが，これではせっかくのデータが埋もれてしまう。重要なことはデータを活用することであり，そのためにはデータベースの構築が必須である。いつでも必要なときに情報が活用できる体制が不可欠であり，デジタル情報のデータベース構築が求められる。現在は，行政の各管理機関が独自の様式でデータベースを構築しているのが現状である。前述のようなビッグデータ活用を目指すならば，何らかの書式の統一を考慮しながらデータベースを構築する必要がある。

　一方，国際市場に目をやると，橋梁や舗装など特定の土木構造物に限られるが，データベースの構築は比較的進展していると考えてよい。さらに，舗装ではHDM-4やRoSyが，橋梁ではBridgeManが，アセットマネジメントのデファクト国際標準ソフトウェアとして普及している。特に，世界銀行を始めとする国際的融資機関が，これらのソフトウェアの活用とそのためのデータベースの構築をなかば義務付けており，欧米のコンサルタントによるデータベースの構築がかなりの程度，浸透していると考えてよい。さらに，シンガポールやマレーシア等の行政機関では，インフラ資産の金銭評価情報もデータベースに格納されている。我が国の公共機関におけるデータベース整備は，国際的な標準から考えれば大きく出遅れているといっても過言ではない。民間組織においても，インフラ資産の価値が調達価額で評価されており，財務会計情報がアセットマネジメントのための有用な情報をもたらさないという問題を抱えている。ISO55000シリーズでは，我が国が強く反対したために，インフラ資産の会計評価を義務付けているわけではいが，財務会計システムの導入を強く推薦しており，国際市場ではインフラ資産の会計評価体制が一段と整備されるものと考えられる。一方で，デファクト国際標準ソフトウェアの多くはブラックボックス型システムであり，入出力様式が規定された仕様規定型国際標準ソフトウェ

ア(各国の多様なニーズにも関わらず単一のソフトウェアで対応せざるを得ない単一化標準)となっている。これらのソフトウェアは,その導入が制度化されているにも関わらず,現場レベルではほとんど機能していないのが実情である。京都大学経営管理大学院の研究グループは,このような単一化標準情報システムに対して,多様化標準情報システムを提案し,具体的に「京都モデル」として実用化している。第12章では,ベトナムにおける「京都モデル」の導入事例を紹介する。

4.2.2 データベースの導入戦略

　組織のアセットマネジメントにおける予算計画や組織全体を対象とした維持管理計画の策定と,その執行状態を管理するためのアセットマネジメント情報システムが開発されている。例えば,橋梁分野ではBMS(Bridge Management System),舗装ではPMS(Pavement Management System)のためのアセットマネジメント・ソフトウェアが既にいくつも開発されている。先述したような,HDM-4やBridgeMan,さらには京都モデルが,このようなアセットマネジメント・ソフトウェアに相当する。このようなソフトウェアを活用したアセットマネジメント情報システムでは,点検結果を入力すると,そのデータが蓄積されるとともに,組織全体におけるインフラ資産の劣化状態の管理やインフラ資産の保全と改善方針がアウトプットとして構築される。これにより適切な維持管理の予算配分を提案するようなことが可能となる。我が国でも,各分野において様々なアセットマネジメント情報システムが作られている。本書の第12章から第15章においては,舗装,橋梁,下水道,斜面・土工構造物を対象として,このような情報システムを導入したアセットマネジメントの実践事例について紹介する。

　これまで維持管理に力を入れてこなかった組織が,一気に体系的なデータベースを構築することは不可能に近い。ただし,このような組織でもデータを断片的に残している場合が多い。まず,組織内に散逸しているデータに関する情報を一堂に集め,データベース構築のためのロードマップに関して議論する

4.2 データベース

ことが重要である．ISO55001でも要求しているように，組織のアセットマネジメントのガバナンスを確保するためには，組織全体として（事務系と技術系の職員が一堂に会して），組織がインフラ資産を維持管理するために必要となる組織全体のライフサイクル費用について思考実験的に検討することが望ましい．

　ライフサイクル費用を計算するためには，インフラ資産の寿命に関する情報が必要となる．データベースがなければインフラ資産の劣化の進行を表す劣化曲線を作成することは困難である．このような場合でも，例えばインフラ資産の耐用年数を用いて，将来に発生する維持補修費用を算定することは可能である．ただし，現実のインフラ資産の寿命は，法定年数よりはるかに長い場合が多い．逆に言えば，法定耐用年数を用いて将来に発生する維持管理費用を算定すると，膨大な金額になる可能性が大きい．現実的なライフサイクル費用を求めるためには，インフラ資産のサービス水準を低下させたり，逆にインフラ資産の寿命をどの程度確保しなければならないかが理解できるようになる．このような検討を通じて，アセットマネジメントに関わる担当部局の間で，データベース作成の重要性に関する合意を形成することが可能になってくる．

　このようにライフサイクル費用の計算精度を上げたり，サービス水準や必要な予算計画を詳細に検討するためには，前述したようなアセットマネジメント情報システムの導入が不可欠になってくる．アセットマネジメント情報システムに関する青写真が描ければ，どのようなデータが必要になるかが理解できるようになってくる．このような検討を通じて，現在の組織のマネジメント体制と，アセットマネジメント情報システムを導入した機能的なアセットマネジメントシステムとの間のギャップが理解できるようになる．このようなアセットマネジメントのギャップを検討するような組織内グループが実力をつけてくれば，組織がISO55001を導入するために主導的な役割を果たすことも可能になる．また，データベースの整備に関するロードマップを作成し，日常業務や定期点検などの実施時に，少しずつでもコツコツとデータベースを作成していくことが求められる．重要なことは，日常的な業務やアウトソーシング業務を通

じて，自然にデータが蓄積されるような仕掛けやメカニズムを開発することである。データベース整備のために特別の予算を組み，特別プロジェクトとしてデータベースを構築しても長続きしない。要は，日常業務によるデータの蓄積である。

なお，最近，インフラ資産のアセットマネジメントのために，早急にビッグデータ[2]を構築して活用していくべきであるとの声が聞かれる。ビッグデータの構築には，低いコストで情報を蓄積できること，あるいは付加価値の高いアウトプットを生むことといった条件がないと進みにくいので，関連の技術開発が進むことを期待したい。この問題に関しては，改めて**4.3**で取り上げる。

4.2.3　データベースの運用と課題

インフラ資産のアセットマネジメントのためのデータベースは管理者が所有する構造物の状況を把握することに用いるのは当然として，うまく活用すれば，管理対象以外の多数の類似の構造物のデータから維持管理に関するより適切な方針を立てることに活用できる。また，多くのデータが活用できれば，維持管理に関する各種の技術開発・研究を進めることが可能となる。このようなデータベース構築のための関係者が多くなればなるほど，下記のような様々な課題が出てくるため，こうしたことに配慮しながら，組織横断的にデータベースを共有化できるような体制を構築することが望ましい。第14章の下水道施設のアセットマネジメントに登場する補完者は，このような共有化されたデータベースを管理する主体として位置付けることができる。また，いくつかの府県では，市町村が管理する橋梁に関するデータを一括管理するような組織体制を整備している。これも組織横断的なデータベース整備体制の事例である。

データ自体の課題としては：
・データベース項目の選定
・データの収集方法
・データの信頼性・公平性の確保
　（誤入力，同一データの重複，故意の書き換え）

- データのオーソライズ
- データの入力と更新（特に上書きの是非）
- データ提供者の保護，著作権の保護
- 国内外の他のデータベースとのリンク

データベースの運営に関する課題としては：
- 運営方法（運営者の信頼性，責任体制，経費負担）
- 必要経費の確保
  （受益者と情報入力者の不一致，登録と利用の時間的ギャップ）
- ハード・ソフトのメンテナンス（ハード，ソフトの永続性も含めて）
- 利用者に対する契約事項

こうしたことは，維持管理に関するデータベースに限らず，他の分野でも発生する問題でもある。既存の各種データベースの課題も参考にしながら，インフラ資産の分野では，まずできるところから始めて，次第に範囲を拡大していくのが望ましい。

4.3 ビッグデータの活用

4.3.1 アセットマネジメントにおけるビッグデータの役割

インフラ資産に関して獲得される日常・定期点検データは情報量が膨大であり，文字通りにビッグデータ[2]といえよう。組織が獲得するデータの中から意味のあるマネジメント情報を獲得し，アセットマネジメント及びアセットマネジメントの継続的改善を実施しようとするISO55001の基本的思想もビッグデータの概念と整合的である。第7章では，定期点検データに基づいて，統計的手法を用いて劣化過程を確率モデルで表現する方法を紹介する。このような統計的劣化曲線は，劣化事象の因果関係を明確にした上で算出されるパフォーマンス曲線ではなく，アセットマネジメントの結果として出現する組織全体としての劣化曲線を表している。このような統計的劣化曲線の採用も，ビッグデータの概念と整合的である。目視点検データは構造物の表面的な劣化状態を

観測した情報に過ぎない．第5章で述べるように，個別構造物の劣化症状を評価し，必要な維持管理計画を策定する際には，構造物の性能や健全性を直接計測・評価して，維持管理に関する意思決定を行うことが必要である．目視点検データのような周辺情報は，本来知りたい事象（投資タイミング）との相関関係が見られるだけであって，工学的な因果関係はほとんどの場合に存在しない．アセットマネジメントの実践においては，現実に発生するハザードやリスクに対して対応するための行動（現場に急行したり，意思決定を行う）を実施したり，現場の業務や活動の改善を試みるための「きっかけ」が必要である．組織におけるアセットマネジメントの実践においては，アクションの「きっかけ」を与えることが重要であり，その点において劣化事象の因果関係に関する詳細な情報が求められることは少ないといっても過言ではない．アセットマネジメント情報システムで導出されるアウトプット（劣化予測結果や最適補修政策）は，管理者の意思決定を支援するための情報であり，意思決定そのものではない．

　組織のアセットマネジメントにおいて，管理者がまず知るべきは，インフラ施設の設計上の構造性能（パフォーマンス）ではない．現実のインフラ資産群で発生している劣化特性であり，組織としての補修・補強計画を策定したり，そのために必要となる予算を決定するために必要な実践的な情報である．第5章で述べるように，例えば橋梁などの土木構造物では，点検結果として得られる情報は，構造物の健全度を表す離散的な評価指標である．もちろん，これらの評価情報は，構造物の損傷・劣化と関連しているが，健全度そのものはあくまでも目視点検等で視認できる表面上の損傷の程度であって，実際の構造性能をとらえているとは言い難い．しかし，重要なポイントは，点検マニュアルに記載された健全度の定義には，その工学的意味だけでなく，補修・補強に関わるマネジメント上の基本方針が明記されていることである．したがって，統計的劣化曲線を用いて，組織が管理するインフラ資産のサブグループが，ある健全度に到達するまでの年数を把握できれば，投資タイミングに関する重要なマネジメント情報が得られる．このような意味において，統計的手法で算出され

る予測結果は単なる劣化過程を表すパフォーマンス曲線ではない。それは投資戦略を決定するためのマネジメント曲線である。したがって，点検データを用いた劣化予測とはいえ，それは構造物の健全性や耐用年数を予測することが主要な目的ではなく，むしろ当該管理者における過去の維持補修，投資行動のパフォーマンスを事後評価し，今後のマネジメントの高度化に活用することを本来の目的としている。

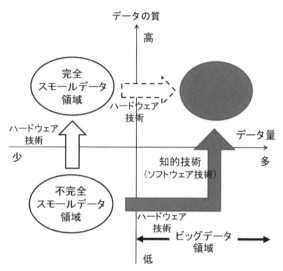

図4-2 ビッグデータの種類と活用

4.3.2 ビッグデータの種類と活用

数多くの組織においてインフラ資産に関するデータが蓄積され，それらのデータが一定程度組織横断的に活用できるようになると，ビッグデータの新しい活用の可能性が生まれる。**図4-2**は，ビッグデータの量とデータの質の観点からビッグデータの発展経路と活用方針について整理した結果を示している。縦軸に取ったデータの質に関しては，インフラ資産の管理者による最終的な意思決定を支援するデータの質を表す。構造物に対する点検技術を高度化させ，取得データそのものの質を高めることにより，意思決定情報の質を高める

ことが可能である．あるいは，従来通りの点検データであっても分析技術を高度化させることでデータの質を高めることも可能である．アセットマネジメントが導入された当初は，データの質が低く，データ量も少ない不完全スモールデータ領域において意思決定を余儀なくされる．ビッグデータ以前の確率論や統計学は不完全スモールデータを対象として，そこから有益な情報（質の高い情報）を抽出することを目的に研究開発がなされてきた．このとき，不完全スモールデータ領域からの技術開発は2つの方向性がある．1つは完全スモールデータ領域，もう1つは不完全ビッグデータ領域を目指す方向性である．ビッグデータの概念が浸透する以前は，往々にしてスモールデータ領域でデータの質を上げる，すなわち完全スモールデータ領域を目指す技術開発が実施されてきた．実際に，インフラ資産のマネジメント分野では非破壊検査技術やモニタリング関連のセンサー技術が急速に進展してきた．これらは詳細点検技術という形で実用化され，損傷が著しいインフラ資産に対する補修の要否，補修工法の選択という意思決定に有用な情報を提供している．しかし，詳細点検は費用や時間面での制約が大きく，適用は限定される．特定のインフラ資産に対する具体的な補修・補強を検討するメンテナンス工学の発展には寄与してきたが，全てのインフラ資産を対象に意思決定を行うアセットマネジメントに適用することは困難である．一方，不完全ビッグデータ領域に関しても，1）既存のセンサー類の汎用化と低価格化が進んだこと，2）センサーネットワーク技術が進展したこと，が当該領域への移行を後押しした．いずれにせよ，領域間を移行するためには革新的なハードウェア技術の開発が不可欠である．

　ビッグデータが対象とする不完全ビッグデータ領域は，データの量が増加しているのであって，データの質が高度化しているのではない点に留意が必要である．ビッグデータに関する一般的な概念に基づけば，目視点検に基づいたインフラ施設の点検データは，データ量という意味において必ずしもビッグデータの範疇に属さないかもしれない．しかしながら，舗装では路面性状調査車，鉄道では軌道検測車による点検が実用化されている．両分野に共通している点は，新規構造物のデータの取得ではなく，既存構造物のデータの効率的な取得

のための点検技術を開発したことである．さらに点在する構造物ごとにセンサーを設置し，モニタリングシステムを構築すると，個々のシステムの費用や管理の負担が大きくなってしまうだけでなく，データ回収のためのネットワークの規模も大きくなる．路面性状調査車及び軌道検測車は点検システムを移動させ，点検とデータ回収を同時に実施している．このようなモニタリング技術を導入することにより，点検データ量が今後爆発的に増加していくことが予想される．アセットマネジメントにおける意思決定では，高品質な情報を取得するためのハードウェア技術は必要なく，現在蓄積されている膨大な点検情報（ビッグデータ）を分析するためのソフトウェア技術（知的技術）が必要なのである．

4.3.3 ビッグデータの活用事例

　ここでは，先述したビッグデータの活用事例を紹介する．一般的に，舗装に対する補修（オーバーレイ）はひび割れ率を基準に決定される．点検マニュアル上は，ひび割れ率20％がその判断基準になることが多い．路面性状調査車を用いたひび割れ率の観測は3〜5年に1回である．一方で現場の実務者は日々，ポットホールを対象に日常点検を実施している．ポットホールに対しては常温混合物を用いた応急補修が実施されるが，ポットホールが多発する道路区間では，道路利用者に対する安全性の観点から速やかにオーバーレイを実施することが望ましい．当然ながら，実務者はそのような道路区間を把握している．しかし極端な言い方をすると，ポットホールの発生数を基準に，オーバーレイ実施の意思決定を行うルールはない（マニュアルに記述はない）．その都度，オーバーレイの必要性を説明していくことになる．

　日常点検データを活用することにより，オーバーレイに関する意思決定を合理化することができる．例えば，日常点検の結果として得られるビッグデータを用いて，ポットホールとひび割れ率の相関性を分析した結果，ポットホールが1年間に1個以上発生するような確率が70％以上の道路区間はひび割れ率10％以上に相当するというような知見を得ることができる．ポットホールの発

生数を基準とする新たな指標を設定することや，新しい点検技術により新しい情報を取得することを実務に要求しているわけではない。従来の点検データと点検頻度に着目して，ビッグデータに関わる統計的分析手法を駆使することにより，ポットホールとひび割れ率の相関性に関する経験的な発見を行うことができるわけである。

また，最近では，各種センサーを用いた検査手法やモニタリングが提案されている。モニタリングは，1) 1回の計測によって保有性能や損傷を絶対評価する手法と，2) 継続的な計測を通してそれらを相対評価する手法に大別することができる。これまでのモニタリング分野においては前者の手法が学術的に注目され，既存の研究成果も多い。しかし，このような手法を適用できるインフラ資産は象徴的なインフラ（重要性，損傷の進展性）に限定される。また，現在の点検は目視点検が主体であり，当面は目視点検を補完するようなモニタリングが必要となる。後者の継続的モニタリングの特徴は，保有性能の低下や損傷の発生・進展とともに変動すると考えられる特性値を継続的に計測することによって，それらの日常の変動範囲から逸脱する変化を捉えようとする点(時系列解析を援用した異常検知アルゴリズム)[3]にある。このような継続的モニタリングにより，計測データの相対変化を捉えることで，専門技術者の初動体制の効率的な確保が可能となる。インフラマネジメントにおけるモニタリングの役割は，目視点検に置き換わるのではなく，専門技術者が目視点検を確実に実施できるように支援情報を提供することにある。また，ビッグデータの概念から考えても，今後のモニタリング技術の開発の方向性は後者となろう。

4.4 おわりに

組織によるアセットマネジメントは，インフラ資産の維持管理に関する多くの要素技術を利用しながら，組織全体としてのアセットマネジメント目標の下で，現実に進展しているインフラの劣化現象をマネジメントする試みである。アセットマネジメントの実践においては，維持補修に関わる要素的技術が必要

4.4 おわりに

であることは論を待たないが,現場で展開しているインフラの劣化過程を点検・評価し,組織全体の立場からインフラ資産の維持管理計画を策定し,必要な維持補修を実施するというマネジメントシステムを構築することが極めて重要な課題となる。

アセットマネジメントは,インフラが置かれている社会・経済状態やインフラ管理に関わる様々な制度的条件と密接に関連しており,別の組織で開発されたアセットマネジメントの方法論をそのまま現場に適用すれば事足りるというものではない。インフラが置かれている状況に配慮して,現実的で,かつ効果的なマネジメントの方法,すなわちソリューションをフィールドの中から導き出していかなければならない。この意味で,アセットマネジメントにおいては,極めて実践的なアプローチが必要とされる。このような実践を推進するために,インフラ資産のストック状態に関わるインベントリー,劣化事象やその進行に関わるデータを蓄積することは,極めて基礎的であり重要な課題である。データベースを構築するために組織が負担すべき努力や費用は決して小さいものではない。また,データベースは,時間を通じて充実させていくことが必要である。データベースの内容や構造は,組織が導入しているアセットマネジメントシステムや,それを支援するアセットマネジメント情報システムの入出力構造と密接に関係している。したがって,データベースの構築に当たっては,アセットマネジメントの実践を通じて,無理なくデータが収集・蓄積されるようなマネジメントシステムの設計が不可欠となる。

アセットマネジメントの国際標準ISO55000シリーズは,アセットマネジメントのデジュール標準である。しかし,ISOにおいては個別の要素技術までが規定されるわけではなく,この分野ではISOとの整合性を意識しながら,デファクト標準化を目指す必要がある。とりわけ,海外を対象としたインフラ資産のアセットマネジメントシステムの開発に当たっては,固有の制約条件や点検データの多様性を勘案しながら,クライアントに応じて方法論をカスタマイズしていく姿勢が重要である。特に,我が国は点検・モニタリング情報に基づいてインフラ施設の維持・補修を実施していく実践的アセットマネジメントに関

しては世界的にも先進的な地位を獲得できるようになってきた。現地の実情にあったデータベースを構築するための方法論は，このような現場主義に基づくアセットマネジメントの海外展開のための基礎的技術と位置付けることができると考える。

参考文献

1）例えば，道路保全技術センター：道路管理データベースシステム MICHI.
2）Schonberger, V. M. and Cukier, K.（斎藤栄一郎訳）：ビッグデータの正体，講談社，2013.
3）小林潔司，貝戸清之，松岡弘大，坂井康人：時系列モニタリングデータ活用のための長期劣化進行モデリング，土木学会論文集F4, Vol.70, No.3, pp.91-108, 2014.

第5章 状態監視，故障・劣化モードと健全性評価

5.1 状態監視

5.1.1 点検の手法と頻度

　組織がアセットマネジメントを行う際，組織が保有するインフラ資産全体の現在の状態を把握するとともに，インフラ資産を持続的に維持できるかどうかを判断することが出発点となる。さらに，新規にインフラ資産を獲得したり，不必要となった資産を除却することを検討する。ISO55000シリーズでは，組織が管理の対象としているインフラ資産（民間組織であれば，金融資産も含めて）をアセットポートフォリオと呼ぶ。特に，物的インフラ資産に関しては，それぞれの資産の特性に応じて，資産の状態を診断・評価するための点検方法が，それぞれの専門分野で体系化されている場合が多い。

　代表的なインフラ資産の1つである土木構造物に関しては，例えば土木学会コンクリート標準示方書「維持管理編2013」[1]では，図5-1に示すように「構造物の維持管理の流れ」の中で，土木構造物の状態把握のための点検の役割が示されている。なお，インフラ資産によっては，「点検」という用語の代わりに「検査」やほかの用語が使われている。本書では「点検」という用語を用いる。

　点検は，その構造物に対して初めて行う「初期点検」，頻繁に行う「日常点検」と定期的に行う「定期点検」，災害や事故後に行う「臨時点検」や類似構造物での重大事故発生後に行う「緊急点検」などがある（これらの用語も管理者によって異なり，「個別点検」や「随時点検」などの用語も用いられている）。鉄道構造物や道路構造物等では，法律や関連通達等によって定期点検の実施とその頻度等が義務付けられている。今日では，義務付けられていない構造物などでも，独自に基準を作って点検を実施している場合が多い。

第5章 状態監視,故障・劣化モードと健全性評価

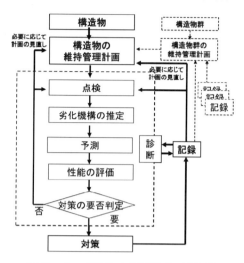

図5-1 構造物の維持管理の流れ[1]

「日常点検」は遠望目視を中心としたものであるため,よほど大きな変状でもない限りは構造物の状態を精度よく把握することは難しい。「定期点検」は近接目視やたたきなどを行い,異常が見つかった場合はより詳細な点検を行う。通常は「定期点検」で得られた情報から,構造物の状態を把握し,異常の原因推定を行う。実際の現場では,ある程度の技術を有する維持管理技術者であれば,状態把握と劣化原因の推定を同時並行的に行っている。技術力の高い技術者であれば,その構造物についての図書と外見,周辺環境から,この段階でも大方の原因推定を行うことができる。異常が見つかった場合は,さらに詳細な状態やその原因を把握するために詳細な試験が実施されることがある。このような試験法の詳細に関しては,それぞれの分野における専門書を参照して欲しい。

点検のタイミングに関しては,非定期的に実施される「臨時点検」や「緊急点検」(「個別点検」や「随時点検」)は別として,通常は「定期点検」が決められたタイミングで実施される。定期点検のタイミングに関しては構造物の種類や建設年,設置条件や運用状況などによって適切に定めるのが合理的である。

5.1 状態監視

しかし,個別の管理者が定期点検の間隔を定めることは必ずしも現実的でない。このため,例えば鉄道に関しては,法律では明確な維持管理に関する規定がないものの,国土交通省令で「施設と車両の定期検査は,その種類,構造その他使用の状況に応じ,検査の周期,対象とする部位及び方法を定めて行わなければならない」としており,さらに省告示で検査の頻度を例示している[2]。例えば,橋梁やトンネルでは2年に一度の定期検査を,さらに定期検査以外に20年(新幹線では10年)に一度の詳細検査を例示している。一方,道路では,道路橋やトンネルに対して国土交通省は5年に一度の定期点検の実施を義務付けている。実際の現場では,少し問題のある構造物については点検の頻度を上げたり,場合によってはモニタリングを併用することなども行われている。

5.1.2 モニタリング

点検では,その時のインフラ資産の故障や損傷・傷みといった劣化の状態を把握する。さらに,前回の点検時点からの時間的な変化を見ることにより,劣化が発生している原因を推定する精度を上げることができ,さらには着目している劣化の進行をある程度予測することが可能となる。ある特定のインフラ資産の故障分布や劣化状態の経年変化を時系列的にモニタリングするための手法が提案されている。例えば,土木構造物に関しては,鋼構造物やコンクリート構造物のひび割れ発生を検知するもの,荷重によって生じるひずみを観測するもの,部材の振動や構造物の固有周期を測定するもの,コンクリート中への塩化物イオンの浸透を検知するものなど多様なモニタリング手法が提案されている。しかし,これらのモニタリング技術には,現在いくつかの問題が残されている。現場で欲しいデータの種類と開発されたモニタリング技術で得られるデータが必ずしも対応しておらず,管理者が必要とする構造物の現有性能に対して十分な情報が得られない場合も多い。さらに,構造物の寿命が長いことによる,センサーの寿命・耐久性の問題や測定機器の電源確保等の問題がある。また,組織にとってモニタリングコストも負担となる。これらを解決するには,モニタリングする構造物の絞り込みが必要である。また,既に何らかの問題を

抱えている構造物に対して実施することや，代表的な構造物について実施し，そこで得られたデータを，他の類似構造物の維持管理へ展開することなどが必要となる．

5.2 故障・劣化モード

5.2.1 故障・劣化モードの多様性

インフラ資産の中でも，一般的な工業製品と建築物や土木構造物とでは，故障・劣化のモードや品質管理の方法等が異なる．これは，工業製品が同じものを複数製造するのに対し，建設物では，いわゆる一品生産となり，設置条件，地盤条件，荷重条件等々，1つ1つ異なる条件のものが造られるためである．大量生産される工業製品では品質が良くなければ市場で淘汰される．これに対して，建設物ではこの市場淘汰がないため，竣工時の発注者による検査が重要であるといわれている．

では，一般的な工業製品と土木構造物の品質上の問題は決定的に異なるのであろうか．一般的な工業製品の故障発生確率の概念図を**図5-2**に示す．実線はいわゆる「バスタブ曲線」と呼ばれる．使用初期の段階では，製造時の初期欠陥による故障が多発し，その後安定期に入り，長期に使うと劣化による故障

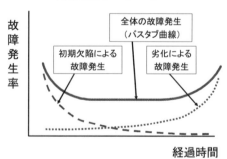

図5-2　一般的な工業製品の故障発生確率図

が増加するといわれ,いわゆる品質管理は,特に初期欠陥による故障率の低減に効果的であると思われる。もちろん,品質管理が行き届き,きちんと作られたものとそうではないものとでは,長期の劣化にも差が出ることは十分に予想できる。

5.2.2 インフラ資産の劣化モード

土木構造物のようなインフラ資産の場合,上記のバスタブ曲線の故障パターンとは異なった故障・劣化モードを呈する。まず,土木構造物が,いきなり機能を停止することはそれほど多くない。土木構造物を構成する様々なパーツの一部に何らかの損傷や材料・材質の傷みが発生する。これらの損傷や傷みが徐々に進展・拡大し,最終的には土木構造物全体が機能停止(故障)に至る。このような過程は,点検やモニタリングにより,部分的に観測可能である。このような損傷や傷みを劣化と呼び,機能停止に至る過程を劣化過程と呼ぶ。

図5-3は1999年に行われたコンクリート構造物の全国実態調査の結果である。この年,新幹線福岡トンネルで剥離したコンクリート塊が落下した事例が引き金になって,多くの事例がマスコミで報道された。コンクリート構造物全体の安全性に対する信頼が低下した状況を踏まえ,旧建設省,旧運輸省,農林

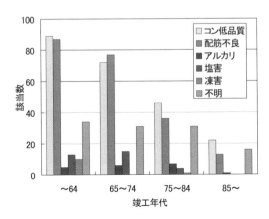

図5-3　コンクリート構造物(トンネルを除く)の劣化原因の推定[3]

第5章 状態監視，故障・劣化モードと健全性評価

水産省が全国のコンクリート構造物の劣化実態を調べたものである。調査対象の構造物の種類は，橋梁上部構造，橋梁下部構造，擁壁，カルバート，河川構造物，道路トンネルの6種類である。構造物の竣工年代は，同図に示す4つの区分である。これらの構造物の種類と，建設された地域，年代が均等となるように2,000を越えるサンプルがランダムに抽出された。

図5-3より読み取れる情報を整理すると，
・古い構造物ほど劣化しているものが増える
・欠陥の数は，施工欠陥に起因するものが圧倒的に多い
・最も深刻な劣化に至る「塩害」と，次に問題となる「アルカリシリカ反応」は絶対数は少ない。ただし，この図から読み取れないが，これらが原因の場合，個別の構造物の症状は重篤なものの比率が高い

図5-4は同じ調査で判明した供用年数と補修経験の有無の関係である。この補修には軽微なものから重度のものまで含まれているので断定はできないが，明らかに時間と比例するかのように補修の経験割合は増えている。

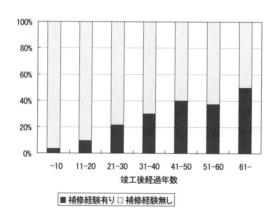

図5-4　供用年数と補修経験の有無[3]

5.2.3 劣化原因の推定

インフラ資産を構成する構造物には様々な劣化原因がある。構造物に使用される主材料によっても異なるし、構造物の使用目的や設置環境によっても異なる。例えば、コンクリート構造物については土木学会コンクリート標準示方書「維持管理編2013」[1)]では、[維持管理編：劣化現象・機構別]で中性化、塩害、凍害、化学的浸食、アルカリシリカ反応、疲労、すりへりを劣化原因として挙げている。なお、必ずしも現場では劣化原因が特定できないものの維持管理上の注目すべき劣化事象として、水掛かり、ひび割れ、鋼材腐食も挙げている。

これらの劣化原因で劣化が生じた場合、その影響度や進行速度はそれぞれの原因ごとに特徴を有している。このため、維持管理上の対応方針や補修計画の策定の際には、劣化原因を特定しておくことが重要である。**図5-1**における「点検」は、通常「日常点検」や「定期点検」として実施される。通常は、目視や簡単な試験で構造物の異常を発見し、必要があれば追加の試験を行って、次のステップの「劣化機構の推定」を行う。実際には、点検時にある程度の原因推定を行いながら状況把握を行っている。この時に、現場技術者があらゆる種類の劣化原因を想定しながら点検を行うのは難しく、現実には代表的な劣化原因や劣化進行の早い劣化原因を念頭に置きながら点検を行うのが有効である。**表5-1**は、代表的なコンクリート構造物の劣化原因を示している。さらに、**表5-2**には国土交通省道路局が道路橋の代表的な劣化原因として挙げているものを示している。この他にも鋼構造物やコンクリート構造物の劣化原因

表5-1 コンクリート構造物の主な劣化原因

1980年代以前の古典的劣化	中性化 凍結融解繰返し
1980年代コンクリートクライシス以降の劣化	塩害 アルカリシリカ反応 （化学的劣化） 施工不備

は様々なものがある。**表5-1**の一番下の施工不備による初期欠陥は数としては最も多く見られる。初期施工の不備が原因となって，中性化や塩害などのより深刻な劣化につながっている場合が少なくない。

表5-2 道路橋の代表的な劣化原因（国土交通省ホームページ[4]）

部位	主な原因
鋼上部工	腐食，疲労亀裂，床版疲労
コンクリート上部工	塩害，中性化（かぶり不足）
下部工	アルカリシリカ反応，鋼亀裂

劣化事象それぞれの劣化原因を確定的に把握するためには，前述したように詳細な試験が必要となる。しかし，劣化事象ごとに影響度や緊急性が異なるので，定期点検時にある程度の劣化原因を概略的に判断しておき，緊急性があるようであれば劣化原因を詳細に調査するために試験を実施することが望ましい。ここで，このような判断が行えるような技術者が常に現場にいるとは限らないため，判断を可能な限り客観的に行えるようにマニュアルやソフトウェアが開発されている。ただし，マニュアル化はいくつかの問題も有している。まず，客観化するには明確な数値基準を設けるのがわかりやすい。しかし，そのためには計測も必要となる。コンクリートに生じたひび割れを見て，経験の豊富な技術者であれば，特段の計測をしなくても劣化原因の推定ができるが，マニュアルを使うと計測という余計な手間がかかってしまう。さらに，誰でも間違いなく判断できるということは，十分な安全率が必要となるということである。安全率が上がれば経済性は低下する。マニュアルだけに頼って判断するのではなく，グレーゾーンに関しては経験豊かな技術者を活用するなどの組合せを考えるべきである。

5.2.4 劣化進行パターンと維持管理方法の選定

　コンクリート構造物の代表的な劣化原因として，中性化，塩害，凍害，化学的浸食，アルカリシリカ反応，疲労，すりへりを示したが，これらの劣化原因で生じる劣化の進行はかなり多様である。例えばコンクリート上部工の主な劣化原因に挙げられている塩害と中性化では，構造物への影響の出方は決定的に異なる。塩害は崩壊に至る劣化であるが，中性化は必ずしも崩壊につながるわけではない。

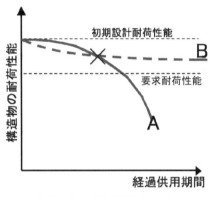

図5－5　劣化進行パターン

　図5－5に構造物に発生する劣化事象の進行パターンを示している。のちに，第7章において，改めてアセットマネジメントにおいて用いる劣化曲線の考え方を示す。第7章で示す劣化曲線は多くの劣化事象の平均的な劣化の進行パターンを示している。アセットマネジメントの効率性やその成果も，劣化曲線の形状に影響を及ぼすこととなる。組織がアセットマネジメントを実施する上で，将来における予算を確保したり，組織としての維持管理計画を策定するためには第7章で説明するような劣化曲線が必要となる。図5－5に示す曲線は，個別の劣化症状を対象とした劣化の進行パターンを表している。アセットマネジメントで用いる劣化曲線と区別するために，本書では限定的に劣化進行パターンという名称を用いていることを断っておく。このような劣化進行パター

ンや，それに基づく劣化予測は個別の土木構造物の維持管理計画を策定したり，維持補修方法を検討するために極めて重要な役割を果たすことになる。

図５－５は，２種類の劣化進行パターンを示している。コンクリート構造物の代表的な劣化原因のうち，塩害の進行パターンを曲線Aに示している。疲労も状況によっては曲線Aに当てはまるものもある。中性化，凍害，化学的浸食，アルカリシリカ反応，すりへりは，曲線Bのような劣化進行を示す場合が多い。**図５－５**中の×で示した時点で同じような劣化を生じている構造物でも，劣化原因が異なるとその後の劣化進行は全く異なることがある。例えば鉄筋コンクリート構造物で，かぶり不足と中性化が重なって内部の鉄筋が腐食し，コンクリート表面に鉄筋に沿ったひび割れが見られることがある。初期の塩害でも非常に似た症状が見られる。しかし，塩害と中性化では，その後の展開は全く異なる。また，劣化あるいはその影響が構造物の局所的な部分に留まるか，全体へ影響を及ぼすかという視点も重要である。それにより維持補修の方針が大きく異なってくる。**表５－３**には，コンクリート構造物の劣化原因と，劣化進行の速度と影響範囲の関係を概略的に整理している。

表５－３　コンクリート構造物の劣化原因の分類

部位＼速度	速い（曲線A）	遅い（曲線B）
全体 部材全体	塩害 床版疲労	アルカリシリカ反応
部分 局部的	かぶり不足部の中性化 化学的浸食	凍結融解繰返し

表５－３の分類で左上にある塩害については，一度劣化がはじまると，かなり短時間で鉄筋の腐食が広い範囲で進み，部材が致命的な状態になるため，劣化を未然に防止する予防保全が有効である。例えば，1980年代に東北と北陸の日本海側の道路橋に塩害が発生したが，これらの多くの橋梁は供用後30年前後で造り替えられている。コンクリート橋桁が塩害を起こすと急速に鉄筋の腐食

が進み,それに対する補修がほとんど効果を発揮しないことが原因である。このため旧建設省では,塩害に限っては症状の軽いものから補修し,重いものは建て替えを行うという方針を出していた[5]。なお,最近では塩害橋梁に対して電気防食工法が適用された事例があるが,維持補修費用が小さくないことが難点である。このため,国土交通省では沿岸部の道路橋に対しては,劣化症状が出る前から対応すること(本当の意味での予防保全)が必要であるとし,2004年に特定点検要領(案)[6]を出して対応している。一方,中性化や凍害では局部的にある程度の範囲で鉄筋が錆びることがあっても,全体に及ぶことは少なく,かつ鉄筋の腐食速度も速くない。多少の劣化が認められた場合でも,ゆっくり対応しても問題ない場合が多い。

5.3 健全性評価

5.3.1 インフラ資産における健全性評価事例

　土木構造物のように長期間に渡って供用され,その間に劣化が進行するようなインフラ資産では,図5-5に示すように,現有性能が要求性能を満足しているかどうかの判断が極めて重要である。もし,満足していない場合には供用を停止するか,何らかの制限を設ける必要がある。

　一般には,予想される荷重や地震力に対して持ちこたえるか,あるいは第三者被害をもたらすようなことはないか,というのが維持管理上重要な判断となる。表面に現れた構造物の劣化状況を基に,構造物の耐荷力や耐震性を定量的に明確にしようとする研究は数多くなされている。しかし,鉄筋の腐食度合いやコンクリートの残存強度などの正確な情報は,現場ではなかなかつかめないのが現状である。

　特定の重要構造物等では,定量的な情報が求められることもあり,追加の試験などを多数行って,何とか現有性能を定量化する場合もある。しかし,限られた情報で何らかの判断をせざるを得ない構造物の方がはるかに多い。このため,構造物の現有性能を定量的に評価するのではなく,定性的に判断すること

が，多くの現場で行われている。**表5-4**に鉄道の例を，**表5-5**に道路の例を示す。

表5-4 鉄道構造物の健全度判定の例（JR東等）[7]

健全度		構造物の状態
A		運転保安，旅客および公衆などの安全，ならびに列車の正常運行の確保を脅かす，またはそのおそれのある変状等があるもの
	AA	運転保安，旅客および公衆などの安全，ならびに列車の正常運行の確保を脅かす変状等があり，緊急に措置を必要とするもの
	A1	進行している変状等があり，構造物の性能が低下しつつあるもの，または大雨，出水，地震等により，構造物の性能を失うおそれのあるもの
	A2	変状等があり，将来それが構造物の性能を低下させるおそれのあるもの
B		将来，健全度Aになるおそれのある変状等があるもの
C		軽微な変状等があるもの
S		健全なもの

表5-5 道路橋の点検要領の防食機能の損傷評価の例[8]

区分	一般状況
A	損傷なし
B	－
C	最外層の防食被膜に変色を生じたり，局所的な浮きが生じている
D	部分的に防食被膜が剥離し，下塗りが露出する
E	防食被膜の劣化範囲が広く，点錆が発生する

5.3 健全性評価

5.3.2 インフラ資産群の健全性評価

　アセットマネジメントは，基本的には，組織が保有するインフラ資産群の劣化状態を点検し，発見された物理的劣化，損傷や機能的不全を是正することを目的としている。このような個別のインフラ資産に関する健全度の診断・評価と，維持補修等に基づく是正処置の方法に関しては，対象とするアセットのインフラ資産により完成度の差はあるものの，それぞれのインフラ資産を対象とする工学分野等において，かなりの程度整備されてきたと考えることができる。もちろん，インフラ資産ごとに点検やモニタリング技術，維持補修技術の高度化を継続的に推進していくことが必要である。ISO55001では，個別のインフラ資産の健全度を診断するための測定基準や指標を明確に定義しておくとともに，点検結果や診断結果を過去にさかのぼって分析できるように，データベースとして整備しておくことを求めている。

　通常，組織は様々なタイプのインフラ資産を保有しており，しかもこれらのインフラ資産は，耐用年数，重要度や機能が多様に異なる。また，水道施設やプラント，建築構造物などは，多様な部品や設備，建造物等で構成されるシステムであり，異なる劣化特性を有する部分システムが有機的につながり複合的なインフラ資産を形成している。ISO55001では，組織が保有するインフラ資産群全体の劣化状態やその短・中期的な予測結果をポートフォリオとして整理する。アセットマネジメントでは，5.3.1で述べたような個別インフラ資産に対する技術的な健全性評価に基づいて，アセットポートフォリオを構成する個々のアセットが直面しているリスクとそれに対する対処の仕方を体系的に整理することが要求される。例えば，インフラ資産について，その資産の重要度や構造物特性，劣化の進展状態に着目すれば，1）予防保全型，2）事後保全型，3）使い切り型，4）更新型という4つのグループに分類することができる。予防保全型は，初期不良等不具合に対する対策を早期に実施して，可能な限り長寿命化を図るグループである。特に，建設されて日も浅く，劣化がそれほど進展していないような重要なインフラ資産が該当する。事後保全型は，すでに劣化が進行しており，かなり大規模な補修が必要となるような重要なイン

フラ資産が該当する．このようなインフラ資産では，これまでの維持管理手法を踏襲し，延命が可能なタイミングで補修工事を実施することが求められる．使い切り型資産は，現在すでに劣化が進行しているため，インフラ資産の安全性に支障が出ることが懸念されるまで，劣化の進行を観察し，タイミングを判断して除却，又は新しい資産に更新するようなグループである．最後に，更新型グループではインフラ資産が機能的に陳腐化している場合や，劣化が相当程度に進展している場合には，インフラ資産の更新を考える．インフラ資産全体をこれらのグループに分類することにより，将来に発生するライフサイクル費用を見積もることができる．ライフサイクル費用やそれぞれのインフラ資産の社会経済的重要性，構造物特性などを考慮し，インフラ資産全体の劣化状態やリスク状態，今後の対処方法に見取り図（アセットプロファイルと呼ぶ）を作成することが求められる．

さらに，アセットマネジメントでは，組織が保有するインフラ資産の健全性やアセットプロファイルを評価するだけでなく，アセットマネジメントあるいはアセットマネジメントシステムのパフォーマンスを評価することも必要である．特に，組織が将来にわたって持続的にインフラ資産を運用していくためには，将来時点におけるインフラ資産の安全性やリスク，維持管理費用や更新費用等を算定し，組織の財政的健全度を評価することが不可欠である．例えば，ISO55002では，具体的にアセットマネジメントの目標や方針に関してモニタリングが必要となる項目を設定し，どのような情報を証拠として残すことが望ましいかを規定している．これらのパフォーマンス指標の中には，定量的に表現できず，定性的表現を用いて評価せざるを得ないものもある．さらに，物理的・機能的な評価指標に留まらず，財務的指標を用いて評価することが望ましい．

1.3.2で言及したように，日本的組織におけるアセットマネジメントの現場では，組織の予算執行マネジメントを支える技術的なシステムやパフォーマンス評価を支援する情報システムを導入している場合が少なくない．ISO55001では，**1.2.1**に示したような予算執行マネジメントシステムの運用だけでなく，

組織全体としてアセットマネジメントを執行し，その内容を継続的に改善するようなマネジメントシステムの確立を求めている．また，パフォーマンス評価の結果が，組織内の異なる機能や部署に所属する人々に共有化されるために，評価結果を技術的な用語のみで表現するのではなく，組織内の全ての人間が理解できるように表現することが求められている．このため，ISO55002ではインフラ資産の将来価値及びアセットプロファイルの変化を，財務的な評価指標と技術的な評価指標の双方を用いて評価することが望ましいとしている．これらの評価指標は，組織が維持管理計画を策定したり，アセットマネジメントシステムを継続的に改善するための有用な情報を提供するものである．このような評価情報を作成するためには，第6章で述べるような会計手法，第7章で述べる劣化予測手法，第8章のリスクマネジメント手法，第9章で紹介するロジックモデルなどが強力な分析ツールとなる．

5.4 おわりに

　状態監視，健全性評価はアセットマネジメントの1つのプロセスであるが，アセットマネジメントにおける様々な判断の基礎になるものである．このため，この部分の技術・技術体系を高度化することは非常に重要な課題である．しかし，構造物の状態監視，健全性評価に関する技術的課題は数多く残っている．まず，評価を行う対象について考えてみる．インフラ資産は，例えば橋梁だけ見ても，大小様々であるし，形式も多様である．こうした構造物の健全度を判定するときに評価する単位をどの程度の大きさにするかは，評価の手間や評価の精度，さらには次のステップの補修の判断などに大きな影響を与える．この評価単位については，現在必ずしも明確にはなっていない．さらに，インフラ資産は複数の構成要素から成っているので，どの要素に注目するかによってインフラ資産全体の健全性評価は異なる．さらに，単一の要素であっても，複数の劣化要因が混在している例も多い．この場合の評価については，現時点の状況の評価は最も劣化の進んだ箇所の評価となろうが，劣化の原因を特定しな

第5章 状態監視,故障・劣化モードと健全性評価

と劣化の進行を予測することは困難となる。また,道路や鉄道のように線として機能するインフラ資産と,下水施設のようにシステムとして機能するインフラ資産では,個別の部材や施設,構造物の不具合が全体系の機能に与える影響が異なるので注意することが必要となる。

　本来,健全性評価はインフラ資産の状況を客観的に判断する行為である。供用の継続や補修補強を行うかどうかの意思決定には,さらに構造物の重要性や将来計画などの様々な価値判断が加えられなければならない。このような判断は,個別の構造物に関する技術的判断のみでは不可能であり,組織全体のアセット目標を明確にすることが必要となる。まさに,アセットマネジメントとは,組織のアセット目標の下で,組織が保有するインフラ資産全体を,可能な限り合理的にマネジメントすることを目的とする方法論体系であるということができる。このようなアセットマネジメントの合理化のために,個別インフラ資産の点検・評価結果,インフラ資産に対する維持補修に関する技術的検討を蓄積しておくことが必要である。さらに,これらの個別インフラ資産に対する技術的検討の結果に基づいて,組織全体としての維持管理計画や補修戦略を策定することが極めて重要となる。

　最後に,点検結果に基づいて,例えば**表5－4**や**表5－5**を用いて劣化症状や劣化進行パターンを判断し,必要な維持補修方策を判断するためには,それを実施する能力を有する技術者を確保することが不可欠である。このために,**表5－5**に示した損傷評価では国土交通省は,判定事例の写真を参考資料として示すとともに,評価を行う技術者については「橋梁に関する実務経験」,「橋梁の設計,施工に関する基礎知識」,「点検に関する技術と実務経験」を有することを義務付けている[9]。ここで,実務経験は極めて重要である。点検に携わる技術者は数多くの構造物を実際に見ることにより,多様かつ複雑な状況の判断ができるようになる。こうした経験豊かな技術者が,インフラ資産の維持管理の現場には相当数必要である。

　アセットマネジメントの技術者にも,必要とされる能力に応じた段階的な資格等の充実が必要であろう。例えば,次のようなものが考えられる。

5.4 おわりに

- 現場のインフラ資産を日常観察する技術者
  必ずしも高度な技術は必要とはされないが,インフラ資産の異常を感知できるだけの技量は要求される
- 異常が報告されたインフラ資産について判断する技術者
  十分な経験を有し,総合的な判断ができることが求められる。限られた数の技術者に多くの事例を見せることにより訓練を積む必要がある
- 高度な判断を行う技術者・研究者
  前項の技術者でも判断できないような専門的なあるいは高度な判断ができる技術者・研究者。通常は何らかの専門的な研究を通じて経験を積む。ただし,専門的になり過ぎず,総合的な判断ができることが求められる
- 高度なマネジメント能力を駆使する技術者
  個別インフラ資産の技術評価の結果に基づいて,アセットプロファイルを作成し,ライフサイクル費用評価や組織のアセットマネジメント計画やマネジメント戦略を検討する能力が要求される

このような技術者の体系は不可欠ではあるが,一朝一夕に構築できるわけではない。まずは,技術者が現場を見る機会を増やす必要がある。また,技術者の評価や報酬も含めたシステムの改革が必要である。維持管理の分野だけではなく,新設の設計や施工でも技術者の判断を尊重するような体制にならないと高度な判断が求められる維持管理の分野の業務の遂行は難しいことになりかねない。とりわけ,第3章で議論したような国際的なアセットマネジメント市場においては,技術的判断ができる技術者だけでなく,高度なマネジメント能力を発揮できる技術者が要求される。我が国には,高度なマネジメント技術者が圧倒的に不足しており,その養成が重要な課題になっている。

こうした状況に対し,地方自治体でも認識するところが出てきていて,具体的な対応策を練り出したところもある。本格的なアセットマネジメント時代の到来で,遅ればせながら技術者に対する認識も変えていかなければならない状況にある。

参考文献

1) 土木学会：土木学会コンクリート標準示方書「維持管理編2013」，2013.10.
2) 例えば，国土交通省鉄道局：鉄道構造物の維持管理に関する基準の検証について（参考），2014.11.
   http://www.mlit.go.jp/common/001061636.pdf
3) 土木研究所：既存コンクリート構造物の健全度実態調査結果－1999年調査結果－，土木研究所資料，第3854号，2002.
4) 例えば，国土交通省道路局：コンクリート橋（上部構造）の損傷事例，2009.3.
   http://www.mlit.go.jp/road/sisaku/yobohozen/yobo3_1_2.pdf
   国土国通省道路局：鋼橋（上部構造）の損傷事例，2009.3.
   http://www.mlit.go.jp/road/sisaku/yobohozen/yobo3_1_1.pdf
5) 西川和廣：道路橋の寿命と維持管理，土木学会論文集，No.501/I-29，pp.1-10，1994.10.
6) 国土交通省道路局：コンクリート橋の塩害に関する特定点検要領（案），2004.3.
   http://www.cbr.mlit.go.jp/architecture/kensetsugijutsu/download/pdf/engai_youryou.pdf
7) 国土交通省鉄道局（監修），鉄道総合技術研究所（編集）：鉄道構造物等維持管理標準・同解説（構造物編）コンクリート構造物，丸善，2007.1.
8) 国土交通省国土技術政策総合研究所：道路橋の計画的管理に関する調査研究－橋梁マネジメントシステム（BMS）－参考資料：定期点検における「損傷度の評価」区分，国土技術政策総合研究所資料，No.523，2009.3.
   http://www.nilim.go.jp/lab/bcg/siryou/tnn/tnn0523pdf/ks052308.pdf
9) 国土交通省道路局：橋梁定期点検要領，2014.6.

第6章　インフラ会計と資産の耐用年数

6.1　アセットマネジメントとインフラ会計

6.1.1　インフラ会計の概念

　アセットマネジメントが適切に機能するためには，インフラ資産の価値を合理的に見積もるとともに，建設後の維持修繕や更新に伴い支出される費用が資産価値の維持にどのように影響するのかを，合理的・体系的にモニタリングし，利害関係者や施設管理の意思決定者に対して，タイムリーに情報を集約・報告するための情報システムが必要である。アセットマネジメント計画の策定に当たっては，施設のライフサイクル全般にわたるコストとサービス水準の適切なバランスを予測・決定することが求められており，対象とする資産の耐用年数や残存寿命を適切に見積もる必要がある。

　近年，インフラ資産を対象とした会計情報の認識・測定・伝達に関する基礎的な枠組みや具体的課題に対する適用上の問題点等について，研究成果等が蓄積されてきた[1),2)]。さらに欧米諸国のみならず，我が国の中央・地方政府ともに，保有するインフラ資産に関する会計情報の活用に関し，実践的な取組みが進みつつある[3)-5)]。アセットマネジメント分野では，特に以下の観点から財務・会計情報の活用は重要な役割を果たす。

（1）アカウンタビリティの確保と検証

　アカウンタビリティとは「説明責任」と訳される概念である。インフラ資産の事業主体である中央・地方政府，公益企業等は，インフラ資産の整備と維持管理を国民から委託されており，適切な業務遂行の実施状況を適宜説明する義務がある。保有する資産をいかに維持し，その能力を発揮させるかという組織目的の実現状況の把握のため，資産の保有・稼動状況を体系的に把握・表記する情報システムが必要とされる。会計システムは，勘定体系を通じて組織活動

第6章 インフラ会計と資産の耐用年数

を統一的に記録・整理でき，検証可能性に優れるため，こうした説明のための基本ツールとしての役割を果たすことができる。特にインフラ資産は効用の長期性等から，フローの管理とともにサービス提供能力たるストック管理が重要である。また，会計情報としては，インフラ資産の目的別・性質別・地域別などの支出とその供給能力水準の変動を統一した方法で認識・評価・整理することが必要である。

アカウンタビリティの観点から見ると，現行制度ではインフラ資産のストック情報が体系的に整備されていないことによる弊害が大きい。年度の予・決算統計によって整備の実施状況の金銭的把握は可能であるが，一方で整備や運営・管理に係る事業統計は物理量のみであり，両者を比較・分析することが不可能である。また，毎年の支出が，インフラ資産の新規整備なのか，修繕，改良，更新なのかといった目的の面から明確にならず，また，事業費のうち真にインフラストック形成に充当された額が不明であることから，長期間にわたるインフラ資産の機能発現期間を通じて，必要な再投資額や維持修繕費用などの推定には，新たな調査と推定を行う必要が生じる。このように会計的なストックデータの不足によって，委託者に対する説明のための十分な情報を提供しえない。

対象となるインフラ資産に関し，一定のサービス水準を維持することを目標設定とした上で，適切な維持管理業務や将来の設備更新投資の必要性などを，地域住民や利用者に対して，より説得力を持つ形で説明していくためにも，工学的知見とあわせ財務・会計的情報の集積と開示が重要となる。

（2）資源の効率的管理

公共財であるインフラ資産は，排除不可能性及び共同消費性という特性を持ち，市場メカニズムを通じては十分に供給されない。このため，インフラ資産に関する効率的資源配分を達成するためには，市場原理の導入や，事後的に監査・監視を行うことにより，資源の非効率配分を防止する方策がとられる。この場合，インフラ資産整備・運営管理に関するコスト情報の網羅性・継続性・正確性の確保が前提となり，会計システムの役割が期待される。

インフラ資産は，調査・計画段階から，建設，維持・管理を経て廃棄（除却）

に至るまで,極めて長期間にわたり機能を発揮する資産であるが,現行の会計制度は,ライフサイクル費用の観点から費用を体系的に測定・整理する会計システムとなっていない。またインフラ整備や維持・管理に係るコスト情報としては,現金主義のもとで建設費や維持修繕費といった直接支出が伴うもののみを対象とし,減価償却や資本利子といった資産保有に係る真のコストを把握することができないため,コスト情報の限られた部分を認識・把握しているに過ぎない。

インフラ資産の整備財源は通常,公債によって調達されているが,コスト情報の不十分さに加え公債管理の会計システムとの連携が小さいため,個別事業の採択時に割引率等で考慮される資本費用も,予・決算時点では会計データとして把握・評価されず,着手後の事業促進のインセンティブ等が働かないという制度的弊害もある。比較可能性の高い財務・会計情報の継続的蓄積と分析が不可欠となる。

(3) インフラ資産管理と会計システム

会計システムは,インフラ資産のサービス機能水準を一定に確保しうる維持修繕,設備更新が継続的に実施されているかを把握・評価するとともに,機能維持に必要な財源を自律的に調達するための情報提供機能を持たなければならない。

維持更新需要額の推計は,個々の分野あるいは我が国全体レベルで試みられてきたが,その多くは施設の劣化状態と維持補修に関する必要データの不足から,道路舗装管理システム(PMS:Pavement Management System)など一部を除き,将来にわたる劣化予測などの技術的な困難性に直面している。多くの事例では,過去の投資額を基に施設の寿命を仮定し,一方で維持補修費額の時系列データから,将来更新量と維持補修量(額)を推計しているが,今後どれだけの維持補修・更新費用をどの施設につぎ込む必要があるのか,仮に財源が不足した場合,インフラ資産の機能水準はどのように低下するのかを明確にできないという問題がある。

また,維持管理に関しては,財源問題としての不安定性も指摘されている。

第6章　インフラ会計と資産の耐用年数

　公共事業予算執行は景気対策の側面もあり，また，一時的な予算繰延によってインフラ資産の機能低下等の影響が直ちに現れないことから，経済政策や財政状況により予算額が大きく変動することがある。現行の予算会計システム上，新規投資と維持管理は明確に区分されていないことから，本来必要な維持管理・更新投資に関しても，一律に削減，繰延が行われる可能性もある。

　会計システムは，貸借対照表，損益計算書（行政コスト計算書），キャッシュフロー計算書（資金計画書）の財務諸表が連携し，資産，負債・純資産，収益，費用，資金の状態と推移を一元的に記録，表示する機能を持つ。インフラ資産の維持，修繕，更新という活動は，資産の状態を変化させ，これに要する資金の流れを生じさせる。財務諸表は，アセットマネジメントの活動を通じその構成要素である設備投資，運営・維持管理，財務の各戦略を実行した成果を一元的に記述できる（図6-1）。

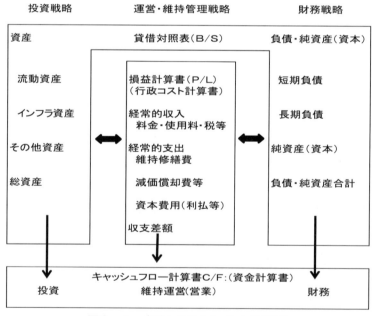

図6-1　会計システムとインフラ資産

6.1 アセットマネジメントとインフラ会計

こうした会計システムの適切な活用により，安定的な財源確保の制度を確立する必要がある。企業会計では，売上や利益など目標値の設定とその達成度合いを会計的に測定し，その業績評価・管理と次期行動のコントロールを行うマネジメントシステムとして管理会計が発展・適用されてきた。インフラ資産の維持管理の問題に対し，管理会計的アプローチの必要性は高い。すでに欧米のアセットマネジメント情報システムにおいては，プロジェクトベースの財務・会計情報をマネジメントコントロール情報として活用する一方，マクロレベルにおいても，自治体の財務諸表予測モデルを用いて，インフラ資産の維持更新投資の財源確保へ予測・評価システムへの適用等が開始されつつある[3]。公会計を中心に，我が国の制度の現状からは財務会計や管理会計の情報活用には様々な問題があり，不十分な状況にあるものの，更新需要の飛躍的増大の時期を控え，今後，財務・会計データの整備と活用は極めて重要といえよう。

6.1.2 アセットマネジメントにおける資産価値評価

インフラ資産は，主としてネットワークとして効用を発揮する社会的基盤施設であり，会計上は有形固定資産に属する。資産評価額の概念として，1）取得原価（取得時に支払われた現金又は現金同等物，あるいは取得するために提供した対価の公正価値），2）再調達価額（保有している資産を測定日で再取得した場合に支払われる現金又は現金同等物），3）割引現在価値（通常の事業活動の過程で期待される将来キャッシュフローの割引現在価値），4）正味実現可能価額(現時点での通常の売却によって獲得できる現金又は現金同等物)の4種類がある。

インフラ資産の場合，サービス提供能力を適切に貸借対照表に反映させることが重要であり，その面からは再調達価額を採用することが望ましい。一方，費用（行政コスト）計算の正確性を重視し，異なる会計主体間の比較可能性及び客観性・検証可能性を追及するのであれば，取得原価が望ましい。

固定資産はサービスを長期間にわたって提供しながら，時間の経過とともにその価値が次第に減少する。固定資産の評価額を，使用できる各期間に，一定

の計画に基づいて，規則的に費用として配分するとともに，その額だけ，資産の繰越価額を減じていく会計上の手続を減価償却という。すなわち，減価償却とは費用配分の原則に基づいて有形固定資産の取得原価をその耐用期間における各年度に配分することをいう。

　減価償却を行うに当たっては，1）固定資産の当初取得時の評価額，2）耐用年数，3）残存価額の3要素が必要となる。このうち，1）については，必ずしも取得原価を基礎としなければならないわけでなく，再調達価額を基礎とすることも可能である。耐用年数は，当該固定資産の使用可能期間である。アセットマネジメント情報システムとして，資産の劣化状態の把握や予測に正確性を期すためには，各固定資産に対して個別に耐用年数を見積もることが必要であるが，データ等の制約・個別調査のコスト増等もあり，簡便法を含めた様々な方法が採用されている。残存価額は，固定資産の耐用年数到来時において予想される当該資産の資産価値であるが，企業会計では税法上の要請から取得原価の10%あるいは5%とする場合が多い。工学的観点からは，既存資産に対して修繕・更新工事を行い，資産のサービス水準が回復したとする場合，元の資産価額と投入された修繕・更新投資額との差額として事後的に算定することができる。

6.2　インフラ資産の会計方式

6.2.1　資産評価と会計方式[2]

　有形固定資産は取得された後，それに関連してなされた支出については，会計データとしての認識と評価のルールは次のように定められている。すなわち，当該支出によって，その資産の直近のサービス水準を超過する将来の経済的便益又はサービス提供能力が報告主体にもたらされる可能性が高い場合には，支出額を当該資産の帳簿価額に追加計上することが要求される。

　他方，かかる条件を満たさない取得後の支出については，全て発生した期の費用として認識される。この点，有形固定資産の維持又は修繕にかかる支出は，

6.2 インフラ資産の会計方式

資産の直近の機能水準から期待しうる将来の経済的便益又はサービス提供能力を維持又は回復するために必要な経費支出であることを理由に，帳簿価額への追加計上ではなく，発生時に費用として認識することとされている。

インフラ資産の機能水準を維持するための会計方式に関し，以下のようにインフラ資産のサービス水準の低下割合を，直接的に減価償却額として認識するのに代えて，その修繕あるいは更新に必要とされる額（維持補修費用総額）を算出し，それを年度ごとに割り振り引当金として積み立てていく，更新会計あるいは繰延維持補修会計と呼ばれる方法がある[2]。

これらの方法は，インフラ資産について「使用に耐えなくなるまで使い続け更新する」という処理よりも，「必要な維持補修を行い，常に新品同様の状態でサービスを提供し続ける」というライフサイクルを想定した処理の方が的確との見解に基づいている。

（1）減価償却会計

減価償却会計とは，資産のサービス水準の低下について，ある時点で行われたインフラ資産の修繕に要した費用を，インフラ資産の耐用年数にわたって一定のルールに基づいて費用配分することで擬制して認識する方法である。毎期費用として計上されている減価償却費は，当該期に実際に支出されているわけではない。実際に支出されていない費用を財務諸表の中で費用として認識するため，減価償却費の累計額は将来の修繕に対する引当金と解釈することができる。しかし，財務会計でインフラ資産の耐用年数が定められているが，現実のインフラ資産の物理的・機能的な耐用年数と一致していない。税制上の耐用年数を用いて減価償却費を計算したとき，減価償却費累計額が更新のための必要投資額に一致する保証はない。したがって，毎年の維持補修費（時価）と取得原価に対する減価償却費とを直接比較しても，維持補修費の適正度を判断できないという問題がある。

（2）更新会計

更新会計では，必要な維持補修が常に行われ，新規取得時のサービス水準が維持されると仮定し，資産の減価償却を行わない。インフラ資産の資産価額は

初期投資時の取得原価（あるいは再調達額）に一致する．その上で，インフラ資産のサービス水準を維持するために必要となる各年度の更新費を工学的に推定する．ある会計年度に支出された更新費が本来ありうるべき更新費より過小であれば，その差額が負の資産として計上されている繰延更新引当金に組み入れられる．更新会計ではインフラ資産の現実の資産価額に関する会計情報が貸借対照表上に現れない．更新費の繰延額に関する会計情報のみが現れることになる．

（3）繰延維持補修会計

繰延維持補修会計は，長期的なアセットマネジメント計画に基づいて，その維持修繕予定額を明示的に会計情報として用いる会計方式である．この方式では，工学的検討により適切な維持補修時期と維持補修費を算出し，あらかじめ維持補修費総額を各年度に割り振る．各年度における維持補修引当金繰入を費用に繰入れる．当該期の維持補修支出が実績値として確定し，計画と実績との差額が負となった場合，その残高を負の資産として認識し引当累計額に繰入れる．逆に，実績が計画を上回った場合，繰延維持補修引当金を取り崩す．インフラ資産の資産価額は取得原価，あるいは再調達価額で評価される．繰延維持補修会計ではサービス水準の低下による資産価額の減少が繰延維持補修引当金として会計上に現れ，各会計年度におけるインフラ資産の水準を評価することが可能である．

3種類の会計方式を比較してみると，減価償却会計では，償却累計額が示されるものの，インフラ資産の維持補修に関わる会計情報が明記されないため，インフラ資産のサービス水準の実態を把握できない．ただし，減価償却の方法が繰延維持補修引当金と同等の内容を持つように設計されていれば，インフラ資産のサービス水準の低下に伴う資産価値の実態を計上できることになる．更新会計では過去に生起した修繕更新需要に対する支出実績が記述されるが，将来に生じるインフラ資産に関する修繕需要が会計情報として記述されない．インフラ資産の効率的管理という視点に立てば，インフラ資産の劣化に関する情報が財務諸表の中に明示的に記載される繰延維持補修会計が望ましい．

6.2 インフラ資産の会計方式

6.2.2 アセットマネジメントへの適用課題

　各国の会計制度の比較を通じて，アセットマネジメントにおける資産評価の適用に関するいくつかの課題が明らかになってきた。

　米国の連邦政府会計基準では，インフラ資産の評価方法につき，取得原価で計上した上で減価償却するという方法がとられている。これは，同政府の目指す経営モデルが，政府活動にかかるマクロ的な財務管理・運営の効率化を進めることを目的とするとしても，財務情報と非財務情報の双方面からアカウンタビリティを充実することによって一般国民によるモニタリングを強化し，規律付けを行うというモデルを想定しているためと考えられる。

　さらに，インフラ資産の評価方法に関しては，英国の地方政府会計のように，更新会計あるいは繰延維持補修会計と呼ばれる方法を採用しているところもある。これは，インフラ資産の減耗を減価償却額として認識するのに代えて，その修繕あるいは更新に必要とされる額（維持補修費用総額）を算出し，それを年度ごとに割り振り，引当金として積み立てていくといったものであり，インフラ資産については「使用に耐えなくなるまで使い続け更新する」という処理よりも，「必要な維持補修を行い，常に新品同様の状態で住民サービスを提供し続ける」というライフサイクルを想定した処理の方が的確との見解に基づいている。

　また，インフラ資産については，①その経済的便益又はサービス提供能力の実現される期間が極めて長期であることが予定されており，耐用年数が不確実であること，②その特徴の一つであるネットワーク性を強調すれば，ネットワーク全体で耐用年数等を評価すべきである，との考え方がある。その一方で，インフラ資産はサービス提供能力等の消耗率の異なる多様な組成資産から構成されていることを考えると，あらかじめ定められた単一の耐用年数や減価償却率を，システム全体又は組成資産のグループに適用するのは，組成資産によっては実際の価値よりも不当に過大あるいは過小に評価されるおそれがあり適切でない，という指摘もある。この考え方によれば，一律の減価償却を適用するのは妥当でなく，資産の劣化状態やサービス水準の低下を実態調査に基づ

き把握し，これを基に資産価値の修正・算定を行うことになる。

この意味からも，欧米諸国では，工学的知見に立ったアセットマネジメントシステムの確立が求められているといえよう。ISO55000シリーズの要求事項とガイドラインでは，財務情報の詳細に関しては各組織の実情に応じて決定できるとされているが，技術的情報と会計的情報の適切な一貫性とトレーサビリティの確保が求められている（**図6－2**）。ISO55000シリーズの制定とこれに準拠したマネジメントシステムの構築・認証行為は，会計システムと技術面での維持・修繕・更新活動との連携を統一的にコントロールする強力なガイドラインを提供することになる。

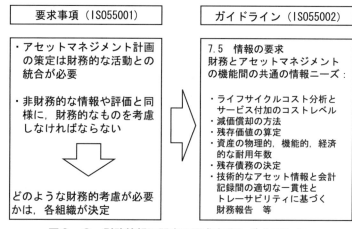

図6－2　財務情報に関する要求事項とガイドライン

一方，我が国では，国，地方自治体ともに公会計財務諸表の作成に当たり，インフラ資産を簿価ベースで把握・計上する方法が採用されている[5]。インフラ資産は売却を目的としないこと，及び政府で維持されるべき資本は名目資本であることから，時価評価は適切でないという考え方に基づいている。しかし，時価で評価することは決して売却を前提にしている訳でなく，むしろインフラ資産の永続的効用を維持するため，どれほどのコストが発生しており，それは

民間からの供給形態に比して経済的か否かを判断するためである。また，名目資本の維持では当初の投資的経費相当額が更新時に内部留保できるに留まり，適切な維持更新を通じた安定的なサービス供給は困難になる。

　我が国の会計制度では，インフラ資産の取得・管理に向けた財務情報を提供するという観点からは，マクロ的な情報提供に留まっている。今後飛躍的な増大が見込まれる維持更新投資に対する財源確保という目的を達成するにも適切な情報を提示しえないばかりか，個別資産の管理に際しても，必要十分な財務・会計情報のサポートをなしえないという問題がある。

6.3　耐用年数の基礎概念

6.3.1　耐用年数の基礎概念と活用

　耐用年数とは，対象となる資産の建設後，その機能を発揮し始めた時点から，①資産が構造的にその機能を果たさなくなる状態に至る，②機能が時代遅れになる，③過大な需要による混雑や，資産の劣化等の原因によりあらかじめ意図したサービスが提供できない状態となる，④維持管理に多額のコストが発生する，等の様々な場合を想定し，対象資産の完成時点から，これらの事象が生起したと認められる時点までの期間として定義される[6]。ただし，設計や建設期間と異なり，耐用年数は通常単一の数値とはならない点に注意する必要がある。同種類の構造物であっても，耐用年数は設計や建設工法，利用状況，周辺環境，供用中の維持管理方法等により大きな影響を受ける。同じ種類のインフラ資産であっても，その寿命には大きな差が生じる。

　また，残存寿命とは，既に建設されたインフラ資産について，現時点を基準として，上記の耐用年数までの期間として定義される。すなわち，現時点を起点としてその後の供用に伴う物理的な劣化や機能の低下・陳腐化などによりサービスを提供できなくなるまでの時点の期間をいう。インフラ資産の残存寿命の評価は，施設のコンポーネントそれぞれの寿命が異なるためにさらに複雑である（図6－3）。一般的に供用後の維持管理水準は残存寿命に大きな影響

を与えることが想定されるため，十分に維持管理をされたインフラ資産では，不十分に維持管理をされたインフラ資産に比べ，残存寿命が長くなることが期待できる。

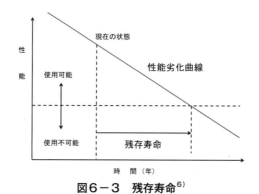

図6－3　残存寿命[6]

アセットマネジメントではライフサイクル費用の算定において耐用年数を基本とした期間の中で，建設・維持修繕・更新・廃棄にかかる全てのコストを把握・予測することが求められる。

インフラ資産を構成する要素の中で特に重要な建造物の残存寿命は，大規模な補修工事や更新工事等の時期を判断する指標となる。一般的には許容できるレベルのサービス水準，あるいは，同一のインフラ資産においてサービスの許容限界又は機能停止に至る年数をもって平均的な残存年数とする。

通常インフラ資産の残存寿命は建設時から数十年以上を持つ。また，過去のインフラ資産の残存寿命に関する研究の蓄積が少ないため，我が国では税務上の耐用年数によるところが多い[5]。

6.3.2　物理的耐用年数，機能的耐用年数，経済的耐用年数[7]

物理的耐用年数とは，設備の供用開始後の使用や年数の経過による磨耗・損耗，劣化や，その他外部環境からの影響による価値や効用の低下により決定される耐用年数である。

機能的耐用年数とは，新技術の導入等により，旧設備に比較して，より効率的なあるいはより低廉な取得コストの代替物との比較により，旧設備の価値や効用低下を考慮した場合の耐用年数である。

経済的耐用年数とは，新設設備が本来の使用目的で経済的に使用されうる期間を示す。物理的後退や機能的後退の発生により，経済的合理性は短縮される。

これら3種類の耐用年数は，どのようなインフラ資産に対しても定義，計測されることとなるが，通常は

物理的耐用年数＞機能的耐用年数＞経済的耐用年数

の関係にあるとされる。

6.4 耐用年数の決定方式

耐用年数及び残存寿命の決定には，既存の統計データないし設計時の想定数値等を用いる方法（基準年数法）と，対象資産の実態調査やこれに基づく劣化予測モデル等を用いる方法（状態観察法）が用いられる[6]。

6.4.1 基準年数法

（1）標準耐用年数

既存の統計資料や，設計時のパラメータ等を基に，対象とする構造物の機能停止までの期間を得る方法であり，標準的と考えられる合理的算定方法として広く利用されている（**表6－1**）。データの入手のしやすさや対象とする資産が網羅されているという点で，我が国では税法上の法定耐用年数表などが活用されている。ただし，機械・建物資産などでは過去の実態調査等の事例も多く，一定の信頼性があるものの，インフラ資産のように寿命が長い資産はそうしたデータが極めて少ない。このデータを用いた場合，建設時の状態，その後の維持管理や利用条件等の環境は考慮されないため，本来の耐用年数のばらつき等は一切考慮できない。アセットマネジメント計画策定の初期段階，あるいは点検データや専門家知識等の利用が難しい場合に採用すべきである。

第6章　インフラ会計と資産の耐用年数

表6－1　標準耐用年数表の例[6]（米国下水道）

クラス	資産タイプ	耐用年数	クラス	資産タイプ	耐用年数
1	土木	75年	6	モータ類	35年
2	圧力管渠	60年	7	電気関係	30年
3	下水管	100年	8	制御関係	25年
4	ポンプ類	40年	9	建築付帯	30年
5	バルブ類	30年	10	土地	－

（2）　修正標準耐用年数

　標準耐用年数を基準として，資産の状態に応じた修正ファクターにより増減させる方法である（**表6－2**）。修正ファクターは各資産固有の技術的な情報と，専門家の判断により決定する。事前情報としては設計仕様，現地状況，施工記録などの記録を基に判断する。また，供用開始後については，設備の運転・稼働の状態，運転・稼働の環境，様々な不確定要素から生ずる外部ストレスなどの記録や実態調査結果を基に，専門家による判断を加えて，標準耐用年数を修正する方法がとられる。

表6－2　修正ファクターの例[6]（米国下水道）

修正ファクターの点数

状態に応じて	1	2	3	4	5
計画標準	+10%	+5%	0	-5%	-10%
施工品質	+10%	+5%	0	-5%	-10%
材質品質	+10%	+5%	0	-5%	-10%
運転履歴	+10%	+5%	0	-5%	-10%
運転環境	+10%	+5%	0	-5%	-10%
外部ストレス	+10%	+5%	0	-5%	-10%

6.4.2 状態観察法

（1）実態調査による推定

対象インフラ資産の状態について，実態調査を行いその劣化状態やサービスレベルを把握するともに，建設後の経過年数を基に劣化曲線の推定を行う方法である。あらかじめ精度の高い情報を用いて推計をする方法を取ることができれば，置かれた環境や使用条件等を反映して，より実態に近い耐用年数の把握が可能となるが，十分なサンプル数を得るためには，調査期間とコストを必要とするため，大規模なインフラ資産に対する網羅的な調査は実務上難しく，劣化曲線を具体的に推計することは困難が伴う。このため現実的な方法としては類似のインフラ資産や施設のデータを用いて近似的に残存寿命を推計する方法がとられる。

（2）劣化予測モデル

インフラ資産の物理的性状ないし，劣化過程の統計的構造推定によるモデル解析手法である。劣化の進行速度は，短期間の調査でも一定程度把握ができ，長期的には供用期間や負荷荷重，環境要因など様々な説明変数によってモデル化を行い，今後の挙動についても予測が可能となる。次章で紹介するように，舗装や橋梁などを対象として，数多くの先行研究や実証事例が蓄積されつつある。

6.5 まとめと課題

インフラ資産のサービス水準を適切に維持しつつ，限られた経営資源を有効に利用するために，アセットマネジメントシステムの果たす役割は大きい。インフラ資産とこれを維持補修・更新していく実務サイクルを適切にマネジメントしていくためには，会計情報の活用が不可欠であり，既に諸外国ではこうした取組みも具体的に進展しつつある[3),4)]。

ライフサイクル費用評価では，資産の耐用年数の設定が予測や評価に大きく影響する。インフラ資産のように耐用年数が数十年以上といった長期にわたる

場合，取得原価に基づいて減価償却を行っても適切な更新費用の確保という観点からは説明力は低い。また，残存寿命の間に必要とされる維持補修費用も，その時々の再調達価額に依存するため，更新費用，維持補修費用の計画的確保と予算措置へのリンクという観点から対応が必要である。標準化された年間維持補修費に基づく更新会計・繰延維持補修会計か減価償却会計のいずれを採用すべきかについては，いまだ方針を固めるだけの結論が得られていない。今後，ライフサイクル費用評価に関わる技術上の課題等を検討した上で望ましい会計方式を決定していくことが必要である。

参考文献

1) 江尻良，西口志浩，小林潔司：インフラストラクチャ会計の課題と展望，土木学会論文集，No.770/VI-64, pp.15-32, 2004.
2) 筆谷勇：公会計原則の解説，中央経済社，1998.
3) Institute of Public Works Engineering Australia：Long-term Financial Planning, IPWEA Practice Note, No.6, 2012.
4) Hastings, N. A. J.：Physical Asset Management, Springer, 2010.
5) 森田祐二監修：新地方公会計制度の徹底解説，ぎょうせい，2008.
6) United States Environmental Protection Agency：Fundamentals of Asset Management Session 3 – Determine Residual Life, USEPA Advanced Asset Management Training Workshops.
   http://water.epa.gov/infrastructure/sustain/upload/EPA-3-Residual-Life.pdf
7) 安達和人：ビジネスバリュエーション—評価の基本から最新技法まで，中央経済社，2011.

第7章　インフラ資産の劣化予測とライフサイクル費用評価

7.1　はじめに

　劣化予測とライフサイクル費用評価はアセットマネジメントの高度化のための中核的な要素技術である。インフラ資産の寿命や劣化速度には多大な不確実性が介在する。インフラ資産それぞれに特有な物理的，材料的特性や社会・経済的，自然的環境や利用状況によりインフラ資産の寿命は多様に異なる。さらに，インフラ資産の建設時点における施工状態や日常的な維持補修などのマネジメントも劣化速度や寿命の長さに決定的な影響を及ぼす。そもそも，インフラの寿命が確定的であり，耐用年数により一意的に規定されるのであれば，インフラ資産のモニタリングや点検，さらには劣化予測も不必要である。言い換えれば，インフラ資産を利用する過程の中で，「何が起こるか分からない」，あるいは「マネジメントの内容がインフラ資産の寿命に重大な影響を及ぼす」ことが分かっているからアセットマネジメントが必要となる。

　一般に，インフラ資産の耐用年数は非常に長い。それと比較して，インフラ資産を管理する企業や組織の現業部門におけるマネジメントの時間的な視野は基本的には単年度，せいぜい数年の長さである。したがって，ともすれば，インフラ資産の維持補修を先送りしたり，その時々の都合によるマネジメント戦略を採用してしまう危険性がある。このような近視眼的なマネジメント戦略の採用を防ぐために，長期間にわたって発生する費用に基づいたライフサイクル費用の算定が求められる。また，ライフサイクル費用の計算に当たって，劣化予測モデルが重要な役割を果たすことになる。ISO55000シリーズでは，企業や組織の持続可能性を確保するために，企業，組織のトップの視点からインフラ資産のマネジメント戦略を策定することを要求する。そのための基本的なマネジメント技術が劣化予測であり，ライフサイクル費用評価なのである。

第7章　インフラ資産の劣化予測とライフサイクル費用評価

　劣化予測手法には大別すると，統計的手法と力学的手法がある。統計的手法は膨大な量の目視点検データの背後に存在する統計的規則性を記述する手法である。統計的手法は，多くのインフラ資産に目視点検が義務付けられていること，目視点検結果が離散的な健全度として評価されているならば，対象となるインフラ資産や劣化・損傷が異なったとしても劣化予測手法（例えば，マルコフ連鎖モデル）は不変であることから実務との整合性は高い。一方，力学的手法は，模型実験などを通して，劣化・損傷のメカニズムを解明した上で理論的検討，あるいは経験則に基づいて予測式を導出する手法である（材料試験を通した劣化予測も力学的手法に含める）。本書でこれまで述べてきたように，アセットマネジメントにおいては，初期施工上における質のコントロールやマネジメント努力のパフォーマンスを評価できる劣化予測モデルであり，現実の目視点検やモニタリングの結果に基づいて作成した統計的劣化予測手法が中心とならざるを得ない。ただし，力学的手法でもマネジメント努力の成果を表現できるような劣化予測モデルが利用可能になれば，その有用性は高まる可能性がある。現在，力学的劣化予測モデルを統計的に推計するような方法論に関する研究も行われるようになってきた。もちろん，力学的劣化予測モデルは個別インフラ資産の大規模修繕のタイミングや修繕方法を検討する場合には有用であることは論を待たない。この問題は，個別インフラ資産に関するメンテナンス工学に関わる課題である。本書では，企業・組織におけるアセットマネジメントに焦点を置くため，以下では統計的劣化予測モデルのみを取り上げる。

　本章では統計的劣化予測モデル，ライフサイクル費用評価の手法としてマルコフ連鎖モデルを取り上げる。第3章で述べたように，多様なアセットマネジメント・ソフトウェアが開発されているが，その多くがライフサイクル費用評価法としてマルコフ連鎖モデルを採用している。ソフトウェアが開発され始めた初期の頃には，最小二乗法を用いて劣化曲線を推計するような方法が採用されることもあった。しかし，最小二乗法による方法は，時間を通じて均質な誤差分布を仮定するなど，多くの理論的欠陥があり，国際的なアセットマネジメント実務においてもほとんど用いられなくなっている。本章では，多くの実務

における実践の中で，その有用性が確認されているハザードモデルを用いたマルコフ劣化ハザードモデルを紹介することとする。

7.2 劣化予測

7.2.1 目視点検と獲得データ

インフラ資産に対する目視点検データは通常，多段階の離散的な健全度として与えられる。いま，あるインフラ資産の劣化過程が**図7－1**のように与えられたと仮定する。さらに目視点検データがJ段階の健全度で評価されると考える。健全度1が新設状態であり，健全度Jは最も劣化が進行した使用限界状態である。同図において，インフラ資産は時点τ_{i-1}で健全度$i-1$からiへ，時点τ_iで健全度iから$i+1$へ進展している。

継続的なモニタリングが実施可能である場合には，当該インフラ資産をセンサー等により常時監視することによって，**図7－1**のような劣化過程に関する完全な情報を得ることができる。一方で，τ_Aとτ_Bは目視点検を実施した時点をそれぞれ表している。容易に理解できるように，目視点検を通して劣化過程に関して獲得できる情報は，1回目の目視点検の時点τ_Aで健全度がiであること，2回目の目視点検の時点τ_Bで健全度がjであることのみである。すなわち，目視点検は点検時点での健全度を記録しているに過ぎず，任意時点の健全度から次の健全度に推移する正確な時点（τ_{i-1}やτ_i）を捉えることはできない。したがって，目視点検データを用いて劣化予測を行う場合には，このような目視点検データに介在する不確実性に留意することが重要である。

また，実際の健全度の推移に基づいて劣化予測を行う場合には，2回の目視点検の点検間隔z（$z=\tau_B-\tau_A$）が重要となる。すなわち，健全度が同じiからjに推移するような場合であっても，点検間隔zが異なると劣化過程も異なる。点検間隔はマニュアルなどで定められてはいるものの，全てのインフラ資産に対して厳密には一律ではない。点検間隔zも変数であり，不確実性を含む。先述したように，目視点検では劣化過程に関する限定的な情報しか獲得できない

第7章 インフラ資産の劣化予測とライフサイクル費用評価

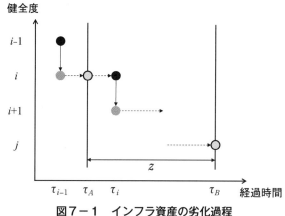

図7−1 インフラ資産の劣化過程

ばかりか，獲得可能な情報にも不確実性が介在する．しかしながら，限定的かつ不確実性を有する情報のみであっても，確率モデルにより劣化過程を定式化し，目視点検データを用いて劣化過程を統計的に推計することで，インフラ資産の劣化予測を行うことが可能である．

　一般的に，離散的な状態変数間の推移を表現する確率モデルとしてマルコフ連鎖モデル[1]がある．マルコフ連鎖モデルでは，ある状態から任意の状態へ推移する確率をマルコフ推移確率で表現し，その劣化過程をマルコフ推移確率行列に基づいて算出する．インフラ資産の健全度間の推移をマルコフ推移確率で表現すると考えれば，目視点検データを用いてインフラ資産の劣化過程を記述することが可能である．さらに，マルコフ連鎖モデルの概念は単純であり，モデルの汎用性と柔軟性に優れている．しかし，マルコフ連鎖モデルを目視点検データに基づいて推計する際には，上述した不確実性に関する課題を解決する必要がある．そのために，従来は高い精度での推計は極めて困難であったが，マルコフ劣化ハザードモデル[2]の開発により，飛躍的な実用化が図られた．当該モデルの実務的優位性は，学術的な新規性やモデルの精緻化に加え，現在の点検体制の中で，現場で獲得できる情報を出発点としてモデル構築を図ることが可能な点に見出すことができる．さらに，マルコフ連鎖モデルは，マルコフ

決定モデル[3]へと拡張することでライフサイクル費用の最小化を達成するような最適補修施策を立案することが可能である．マルコフ連鎖モデルとマルコフ決定モデルを援用することで，現場での情報獲得手段である目視点検を出発点とするアセットマネジメント手法を要素技術間の有機的連動性を考慮した枠組みの中で構築することが可能となる．

7.2.2 マネジメントのための劣化予測

目視点検データに基づく統計的手法に関しては，1点だけ事前に留意しておくべき事項がある．それは，**図7－1**からも理解できるように，縦軸が目視点検結果（健全度）であることである．目視点検は点検者の経験的，主観的判断により，インフラ資産の表面状態からインフラ資産の健全度を評価するものである．したがって，力学的手法のように，耐荷力や耐久性などの物理的性能を把握できるわけではない．力学的手法のアウトプットをパフォーマンス曲線と呼ぶとしても，統計的手法のアウトプットは決してパフォーマンスを表現しているわけではない．ここで大事な点は，目視点検はインフラ資産の物理的性能を表現していないが，目視点検結果と補修工法・タイミングが連動していることが多く，補修工法やタイミングを決定するための情報を直接提供していることである（そもそも目視点検の健全度は補修時期を見定めるために設定されている）．したがって，アセットマネジメントにおける劣化予測の目的がライフサイクル費用評価における投資タイミングの決定にあるならば，目視点検結果を評価軸に劣化予測を行う統計的手法の方が実務とは整合的である．パフォーマンス曲線と比較して述べるならば，統計的手法のアウトプットは，「マネジメントの対象となる劣化過程に関する平均値的情報」を与えるマネジメント曲線とでも言うべき性質を備えている．さらに，近年の統計的手法の急速な進展により，インフラ資産全体を対象としたマクロな劣化予測だけでなく，インフラ資産個々を対象としたミクロな劣化予測も可能となっている[4]．実務との整合性や，技術面を勘案すると，統計的手法の方が実践的なアセットマネジメントに適しているといえる．

7.2.3 マルコフ連鎖モデル

マルコフ劣化ハザードモデルは前節で述べた課題を克服した汎用性の高い劣化予測モデルである．詳細は参考文献2）に譲るが，多段階の指数ハザード関数（以下，ハザード率）$\theta_i (i=1,\cdots,J-1)$ を用いて，点検間隔zの間で健全度がiからj（$j \geq i$）に推移するマルコフ推移確率$\pi_{ij} (i=1,\cdots,J; j=i,\cdots,J)$を，

$$\pi_{ij}(z) = \sum_{m=i}^{j} \prod_{s=i}^{m-1} \frac{\theta_s}{\theta_s - \theta_m} \prod_{s=m}^{j-1} \frac{\theta_s}{\theta_{s+1} - \theta_m} \exp(-\theta_m z) \tag{7.1}$$

$$(i=1,\cdots,J-1; j=i,\cdots,J)$$

と定義する．ただし，表記上の規則として，

$$\begin{cases} \prod_{s=i}^{m-1} \dfrac{\theta_s}{\theta_s - \theta_m} = 1 & (m=i\text{のとき}) \\ \prod_{s=m}^{j-1} \dfrac{\theta_s}{\theta_{s+1} - \theta_m} = 1 & (m=j\text{のとき}) \end{cases} \tag{7.2}$$

を与える．上式は複雑な式となっているが，ハザード率$\theta_i (i=1,\cdots,J-1)$と点検間隔$z$の2変数で構成されていることがわかる．点検間隔$z$は既知情報であるために，ハザード率を推計すれば，マルコフ推移確率を完全に算出することができる．目視点検データを用いたハザード率（未知パラメータ）の推計の詳細も参考文献2）に譲るが，任意のサンプルkに関して，ハザード率を推計するために必要となる情報Ξ^kは，総サンプル数をKとしたときに，

$$\Xi^k = \{(i^k, j^k), z^k, \boldsymbol{x}^k\} = （健全度ペア，点検間隔，特性変数） \tag{7.3}$$

となる．ここで(i^k, j^k)はサンプルkに対する2回の目視点検データ（健全度ペア）であり，推計のためには同一のインフラ資産に対して少なくとも2回の目視点検を実施する必要がある．また，健全度(i^k, j^k)と点検間隔z^kは目視点検を通して獲得することができる既知情報である．一方で特性変数$\boldsymbol{x}^k$は，劣化過程に影響を及ぼす要因を考慮するために導入されるパラメータであり，

7.2 劣化予測

要因が複数存在する場合にはベクトルとなる．例えば，構造条件や環境条件がインフラ資産の劣化過程に影響を及ぼすと考えられる場合には，これらの変動により劣化予測結果がどの程度変動するかを分析することが可能である．特性変数には，交通量や気温等の定量的な変数だけでなく，構造形式や部材形式などの定性的な変数も考慮することができる．さらに，考慮した変数の中で，いずれの変数が劣化過程に真に影響を及ぼすかの判断，あるいは採用された要因の影響力に関する順位についても，各種の検定統計量により評価することができる．特性変数の評価には，台帳等に記載されている情報を活用することが可能であり，特性変数を獲得するために別途点検を行う必要はない．したがって，劣化予測を行うために要求されるデータは目視点検データと台帳データのみであり，実務データと極めて整合的であることが理解できる．

任意のサンプル k に関して獲得できる情報を改めて $\bar{\Xi}^k = \{(\bar{i}^k, \bar{j}^k), \bar{z}^k, \bar{x}^k\}$ と記述する．ただし，記号「−」は実測値であることを示す．ここで，式(7.1)より明らかなようにマルコフ推移確率は，各健全度におけるサンプル k のハザード率 θ_i^k と点検間隔 $\bar{z}^k$ に依存する．さらに，ハザード率はインフラ資産の特性ベクトル $\bar{x}^k$ によりサンプル個々に設定される．このことを明示的に表すために推移確率 π_{ij} を目視点検による実測データ $(\bar{z}^k, \bar{x}^k)$ と未知パラメータ $\theta = (\theta_1, \cdots, \theta_{J-1})$ の関数として $\pi_{ij}(\bar{z}^k, \bar{x}^k : \theta)$ と表す．いま，K 個のインフラ資産の劣化過程が互いに独立であると仮定すれば，全点検サンプルの劣化推移の同時生起確率密度を表す対数尤度を

$$\ln[L(\theta)] = \sum_{i=1}^{J-1} \sum_{j=i}^{J} \sum_{k=1}^{K} \bar{\delta}_{ij}^k \ln[\pi_{ij}(\bar{z}^k, \bar{x}^k : \theta)] \tag{7.4}$$

と表すことができる．式中，$\bar{\delta}_{ij}^k$ はダミー変数であり，

$$\bar{\delta}_{ij}^k = \begin{cases} 1 & 1回目の健全度が i，2回目が j のとき \\ 0 & それ以外のとき \end{cases} \tag{7.5}$$

を意味する．したがって $\bar{\delta}_{ij}^k, \bar{z}^k, \bar{x}^k$ は全て確定値であり，対数尤度関数は未知パラメータ θ の関数となっていることが理解できる．ここで，対数尤度関数を最大にするようなパラメータ θ の最尤推定値は，

$$\partial \ln[L(\hat{\theta})]/\partial \theta_i = 0 \tag{7.6}$$

を同時に満足するような $\hat{\theta}$ として与えられる。このとき最適化条件は連立非線形方程式となり，ニュートン法を基本とする逐次反復法を用いて解くことができる[5]。

7.2.4 期待劣化パスと期待寿命

本章で提案する方法論では，ハザード率に特性変数を考慮しているので，個別のインフラ資産に対して劣化過程を推計することが可能である。しかし，現実の維持管理の実務において，個別のインフラ資産に対して最適補修施策を策定すると問題が過度に煩雑になる。このために，類似のインフラ資産を対象にして平均的な劣化過程を推計した方が便利な場合が少なくない。そこで，推計したマルコフ劣化ハザードモデルを用いて平均的な劣化過程を算定する方法について説明する[2]。当該健全度に初めて到達した時点から，劣化が進展して次の健全度に進むまでの期待期間長 RMD_i^k は，生存関数 $\tilde{F}_i(y_i^k)$ を用いて，

$$RMD_i^k = \int_0^\infty \tilde{F}_i(y_i^k) dy_i^k \tag{7.7}$$

と表せる。式中 y_i^k はサンプル k が健全度 i に到達してからの経過時間である。ここで，指数ハザード率を用いた生存関数が

$$\tilde{F}_i(y_i^k) = \exp\left[-\int_0^{y_i^k} \theta_i(u) du\right] = \exp(-\theta_i^k y_i^k) \tag{7.8}$$

となることに留意すれば，健全度 i の期待期間長は，

$$RMD_i^k = \int_0^\infty \exp(-\theta_i^k y_i^k) dy_i^k = \frac{1}{\theta_i^k} \tag{7.9}$$

となる。期待期間長を健全度 1 から $J-1$ まで算出し，その総和を取れば期待寿命を得る。また，その際の劣化過程が期待劣化パスである。

7.3 ライフサイクル費用評価

7.3.1 モデル化の前提

インフラ資産の管理者が初期時点$t=0$から無限に続く各時点$t(t=0,1,\cdots)$において，当該構造物のアセットマネジメントを永続的に実施するような状況を考える。インフラ資産は無期限にわたり供用され，要求性能レベルは一定に保たれるものとする。各時点tの直前に目視点検が行われ，インフラ資産の健全度が判定され，その結果に基づいて，時点tの直前で必要に応じて補修や更新が実施されると考える。管理すべきインフラ資産は数多く存在するが，その中のある特定のインフラ資産$k(k=1,2,\cdots,K)$に着目する。対象とするインフラ資産の健全度は，これまでと同様にJ段階の離散的な健全度$i(i=1,\cdots,J)$で表され，インフラ資産の劣化が進むにつれてiの値が大きくなる。健全度$i=J$は使用限界状態の健全度であり，健全度がJになっても，当該構造物に対して直ちに補修が行われない場合，インフラ資産ごとに設定されたリスク費用が発生するものとする。インフラ資産の健全度の推移過程はマルコフ劣化ハザードモデルによって記述される。

以上のような条件の下で，インフラ資産の管理者がアセットマネジメントを実践していくためには，あらかじめ最適補修施策を決定しておく必要がある。本章では，「最適」とは期待ライフサイクル費用最小化を意味する。

7.3.2 補修行列と費用ベクトル

「補修施策」の内容は，インフラ資産の各健全度に対して採用された「補修アクション」と「補修費用」の組合せにより記述される。

「補修アクション」は，健全度に応じて補修工法を決定するルールである。いま，インフラ資産kの補修アクションベクトルη^{d_k}を，

$$\eta^{d_k} = (\eta^{d_k}(1),\cdots,\eta^{d_k}(J)) \tag{7.10}$$

と表す。ここに補修施策$d_k \in D_k$は，各健全度iに対して，その時点で実施する補修アクションを指定する一連のルールである。また，D_kはインフラ資産kに

対して適用可能な補修施策の集合を表す。補修施策d_kを構成する補修アクション$\eta^{d_k}(j) \in \eta_k(j)$は，健全度$j$のインフラ資産$k$に対して補修を実施し，健全度が$\eta^{d_k}(j)$に推移することを意味する。例えば，補修アクション$\eta^{d_k}(j)=i$は健全度が$j$の時に補修を実施し，補修により健全度が$i$に回復するというアクションを表現する。$\eta_k(j)$は健全度$j$のインフラ資産$k$に対して採用可能な補修アクションの集合を表し，補修アクション集合と呼ぶ。補修アクション集合には，「補修をしない」というアクションも含まれ，$\eta^{d_k}(j)=j$と表される。

次に，「補修費用」について定義する。補修アクションベクトルη^{d_k}に必要となるインフラ資産kの補修費用を費用ベクトル$\boldsymbol{c}^{d_k}=(c_1^{d_k},\cdots,c_J^{d_k})$により表す。インフラ資産$k$の健全度を$j$から$i$ $(1 \leq i \leq j)$へ回復させるための補修費用をc_{ji}と表せば，$\eta^{d_k}(j)=i$のとき，$c_j^{d_k}=c_{ji}$が成立する。補修を実施しない場合（$\eta^{d_k}(j)=j$が成立する場合）には$c_j^{d_k}=c_{jj}=c$が成立する。ここで，cは定常的な清掃・維持費用である。ただし，補修費用は条件

$$c_{ii} \leq \cdots \leq c_{ji} \leq \cdots \leq c_{Ji} \qquad (1 \leq i \leq j; j=1,\cdots,J) \tag{7.11}$$

を満足すると仮定する。このことは補修前の健全度が悪い方が同一の健全度に回復するための費用が大きくなることを意味する。このとき，インフラ資産kの補修施策$d_k \in D_k$の内容は，各健全度jに対して採用される補修アクション$\eta^{d_k}(j)$と補修費用$c_j^{d_k}$の組合せ（$\eta^{d_k}(j), c_j^{d_k}$）により記述される。各健全度に対して利用可能な補修アクションの数は有限個である。補修施策は各健全度に対して利用可能な補修アクションの組合せにより定義できるため補修施策も有限となる。

7.3.3 マルコフ決定モデル

時点tの健全度を状態変数$h(t)$によって表す。さらに，時点tの健全度$h(t)=i$から，時点$t+1$で健全度$h(t+1)=j$に推移する確率を

$$\mathrm{Prob}\bigl[h(t+1)=j \mid h(t)=i\bigr]=\pi_{ij} \tag{7.12}$$

と表すこととする。ここで推移確率π_{ij}はマルコフ劣化ハザードモデルを利用

7.3 ライフサイクル費用評価

して式（7.1）で与えられる。さらに，インフラ資産kの全ての健全度間の推移確率を

$$\mathbf{\Pi}_k = \begin{pmatrix} \pi_{11} & \pi_{12} & \cdots & \pi_{1J} \\ 0 & \pi_{22} & \cdots & \pi_{2J} \\ \vdots & \vdots & \ddots & \vdots \\ 0 & 0 & \cdots & \pi_{JJ} \end{pmatrix} \tag{7.13}$$

と行列表記して定義する。推移確率行列$\mathbf{\Pi}_k$の(i, j)要素であるπ_{ij}は推移確率であり，当然ながら非負の値をとる。補修がない限り常に劣化が進行するため$\pi_{ij} = 0 (i > j)$が成立する。さらに，推移確率の定義より，$\sum_{j=i}^{J} \pi_{ij} = 1$が成立する。また，補修がない限り，$\pi_{JJ}$はマルコフ連鎖における吸収状態であり，$\pi_{JJ} = 1$が成立する。

次に，補修施策$d_k \in D_k$を構成する補修アクション$\eta^{d_k}(j)$により生じるインフラ資産の健全度の変化を

$$q_{jj}^{d_k} = \begin{cases} 1 & \eta^{d_k}(j) = i \text{のとき} \\ 0 & \text{それ以外のとき} \end{cases} \tag{7.14}$$

と定義する。つまり，補修が実施された後の健全度jは確率1で健全度iに推移し，補修が実施されない場合は，確率1で健全度jに留まることを示している。以上の推移確率を$\boldsymbol{Q}^{d_k}$として整理することにより，次式を得る。

$$\boldsymbol{Q}^{d_k} = \begin{pmatrix} q_{11}^{d_k} & q_{12}^{d_k} & \cdots & q_{1J}^{d_k} \\ q_{21}^{d_k} & q_{22}^{d_k} & \cdots & q_{2J}^{d_k} \\ \vdots & \vdots & \ddots & \vdots \\ q_{J1}^{d_k} & q_{J2}^{d_k} & \cdots & q_{JJ}^{d_k} \end{pmatrix} \tag{7.15}$$

以上のような補修施策の下で管理されるインフラ資産の劣化・補修過程を健全度分布の推移として表現する。インフラ資産kに対する目視点検がz期ごとに実施されると想定する。このとき，任意時点$t = T$（$t \leq z$）における健全度分布$\boldsymbol{s}^{T, d_k}$は，

$$\boldsymbol{s}^{T, d_k} = \boldsymbol{s}^{0, d_k} \Pi^{z-1} \left\{ \boldsymbol{Q} \Pi^z \right\}^{\ell-1} \boldsymbol{Q} \Pi^{\tau+1} \tag{7.16}$$

と表される(ただし,Πの添字k及びQの添字d_kは略記している).ここで健全度分布s^{T,d_k}は,補修施策d_kを採用したときに,時点$t=T$における健全度の比率を示した行ベクトルである.また,上式中のℓは時点Tまでの点検回数,τは最終点検の実施時点から時点Tまでの期間であり,$T=\ell\cdot z+\tau$が成立する.ただし,初期時点$t=0$において目視点検と補修が実施されるものと考える.さらに,本章においてはより単純化するために,①最も健全な状態を表す健全度1では補修を実施しない;$\eta^{d_k}(1)=1$,②いずれの補修工法を用いた場合であっても健全度は1に完全に回復する;$\eta^{d_k}(j)=1(j=2,\cdots,J)$,という2つの仮定を設ける.なお,このような仮定を設けたとしても大半の問題に対しては実用性を損ねるほどの影響はないものと考えているが,上記の仮定を設けない一般的な劣化・補修過程に関しては参考文献6)を参照されたい.ちなみに補修施策を考慮しない単純な劣化過程を健全度分布の推移で表現する場合には,Q^{d_k}を単位行列と考え,次式を得る.

$$s^T=s^0\,\Pi^{z-1}\cdot\left\{\Pi^z\right\}^{\ell-1}\cdot\Pi^{\tau+1}=s^0\,\Pi^{\ell z+\tau}=s^0\,\Pi^T \tag{7.17}$$

7.3.4 ライフサイクル費用評価と最適補修施策

現在時点における健全度分布s^0,劣化過程に関する推移確率行列Π_k,補修施策$d_k\in D_k$,目視点検・補修の実施間隔zが決まれば,将来時点tの健全度分布s^{t,d_k}を求めることができる.さらに,この健全度分布に対し,各インフラ資産の補修費用,リスク費用を用いることで,対象期間における期待ライフサイクル費用を算出することが可能となる.対象とするK個のインフラ資産全てに対して補修施策$d\in D$,目視点検・補修の間隔zを採用した場合を想定する.任意のインフラ資産kに対する現在時点の健全度分布をs_k^{0,d_k},劣化過程に関する推移確率行列をΠ_kとすると,将来時点tの健全度分布s_k^{t,d_k}が7.3.3に示した方法により求まる.

ここで,時点tにおいて補修が実施される場合に生じる費用に着目する.補修施策$d_k\in D_k$に基づいて各健全度における補修の実施の有無,補修内容が決

7.3 ライフサイクル費用評価

まり，各健全度における補修費用 $\boldsymbol{c}_k^{d_k} = (c_{k,1}^{d_k}, \cdots, c_{k,J}^{d_k})$ が定まる．このとき，期待補修費用は

$$CM_k^{t,d_k} = \boldsymbol{s}_k^{t,d_k} \{\boldsymbol{c}_k^{d_k}\}^T \tag{7.18}$$

となる．補修が実施される場合，健全度が J のインフラ資産に対しては補修が必ず実施されるために，リスク費用は発生しない．次に，時点 t において補修が実施されない場合に生じる費用に着目する．補修を実施しない場合，補修費用は生じないが，最も健全度が悪い健全度が J のインフラ資産には社会的損失が発生する．このとき，期待リスク費用は

$$CR_k^{t,d_k} = x_k^{t,d_k}(J) c_k^r \tag{7.19}$$

となる．ただし，$x_k^{t,d_k}(J)$ は時点 t において部材 k が健全度 J に達する確率，c_k^r は部材 k のリスク費用である．以上より，部材 k の現在時点から対象期間 T におけるライフサイクル費用 $LCC_k^{d_k}$ は，

$$LCC_k^{d_k} = \sum_{t=0}^{T} \gamma^t \left(\delta^{t,d_k} CM_k^{t,d_k} + (1 - \delta^{t,d_k}) CR_k^{t,d_k} \right) \tag{7.20}$$

と求めることができる．ただし，γ^t は社会的割引率，δ^{t,d_k} は補修の実施の有無を表す変数であり，

$$\delta^{t,d_k} = \begin{cases} 1 & \text{補修が実施される場合} \\ 0 & \text{補修が実施されない場合} \end{cases} \tag{7.21}$$

である．したがって，K 個の部材全てのライフサイクル費用は

$$LCC^{d_k} = \sum_{k=1}^{K} LCC_k^{d_k} \tag{7.22}$$

である．このとき，期待ライフサイクル費用最小化を実現する最適補修施策は，

$$d_k^* = \min_{d_k \in D} \left\{ LCC^{d_k} \right\} \tag{7.23}$$

として選定される．

第7章　インフラ資産の劣化予測とライフサイクル費用評価

7.4　おわりに

　本章では，アセットマネジメントを構成する各検討事項のうち，資産の取得（建設）から廃棄に至るまでの各フェーズからなるライフサイクルにおいて発生する費用項目について概説するとともに，インフラ資産のライフサイクル費用を検討する上での最重要項目となる維持補修過程での資産の劣化過程を考慮した維持補修施策について解説を加えた．具体的には，目視点検データに基づく劣化予測手法として近年着目されているマルコフ連鎖モデルの概要を述べた．さらに，マルコフ連鎖モデルと連動するマルコフ決定モデルによってライフサイクル費用最小化を達成する最適維持補修施策の決定手法についても説明を行った．一般的なライフサイクル費用評価であれば，本章で述べた方法を適用することである程度の評価は可能である．しかし，割引率の適用をどのように考えるか，それに関連して割引現在価値最小化法と平均費用最小化法[7]のいずれを適用するのか，という問題を検討していくためには，さらに高度な方法論を習得する必要がある．また，近年ではPFIやBOTを始めとして，ある一定年数の間，インフラ資産を維持管理するという事例も増加してきている．そのような場合には維持管理の終了期におけるインフラ資産の健全度をどの段階に設定するかで，それ以前の最適維持補修施策が変化してくる．この問題を扱う場合には，本章で述べたような単純なマルコフ決定モデルを適用することはできない[6]．さらに，インフラ資産の廃棄を含めた最適維持補修施策を検討する際には，リアルオプションアプローチ[8]などを援用して問題の解決を図る必要がある．

参考文献

1 ）森村英典，高橋幸雄：マルコフ解析，日科技連，1979.
2 ）津田尚胤，貝戸清之，青木一也，小林潔司：橋梁劣化予測のためのマルコフ推移確率の推定，土木学会論文集，No.801/I-73，pp.69-82，2005.

3) 堀倫裕，小濱健吾，貝戸清之，小林潔司：下水処理施設の最適点検・補修モデル，土木計画学研究・論文集，土木学会，Vol.25, No.1, pp.213-224, 2008.

4) 小濱健吾，岡田貢一，貝戸清之，小林潔司：劣化ハザード率評価とベンチマーキング，土木学会論文集A, Vol.64, No.4, pp.857-874, 2008.

5) 飯田恭敬，岡田憲夫編著：土木計画システム分析 現象分析編，森北出版，1992.

6) 下村泰造，藤森裕二，貝戸清之，小濱健吾，小林潔司：空港コンクリート舗装の最適維持補修モデル，土木学会論文集D3, Vol.67, No.4, pp.542-561, 2011.

7) 貝戸清之，保田敬一，小林潔司，大和田慶：平均費用法に基づいた橋梁部材の最適補修戦略，土木学会論文集，No.801/I-73, pp.83-96, 2005.

8) 織田澤利守，石原克治，小林潔司，近藤佳史：経済的寿命を考慮した最適修繕政策，土木学会論文集，No.772/IV-65, pp.169-184, 2004.

第8章 リスク評価

8.1 はじめに

　2012年12月,山梨県大月市笹子町の中央自動車道上り線「笹子トンネル」で,コンクリート製の天井板が約130mに渡り落下し,走行中の車両複数台が事故に巻き込まれた。この事故は,インフラの現状と管理について,社会的に大きな波紋を呼び起こした。「我が国におけるインフラの老朽化」,「財源不足に起因する低い維持管理投資」,「将来的に大事故を起こしかねないリスクの顕在化」など様々な問題が国民の知るところとなり,これを契機に多くの議論が行われ,対策が取られるようになった。

　我が国においては,高齢化や人口減少に伴う財源難により,現時点,そして将来的にも,インフラ資産を維持するための十分な財源を確保することが困難である。したがって,既存の老朽化した,あるいは老朽化が避けられないインフラ資産を,いかに合理的に維持管理していくかという大きな課題に直面している。これを解決するには,「リスクを最小限に止め,少ない投資で最大の効果が見込まれる維持管理方策」すなわち,「インフラ資産の現状(健全性)を適切に診断して,存在するリスクをできる限り正確に把握・評価し,それに見合う合理的な補修補強を実施することにより安全を確保するマネジメント」が必要である。

　リスク本来の意味は,勇気を持って試みることとされる。例えば大航海時代に,帆船で大洋に船出することは,大変な危険を覚悟した決断であった。したがって,危険を冒しても,それに見合う儲けのチャンスを活かすことがリスク本来の意味である。リスクには利益と不利益が含まれる。株の売買に代表されるように,儲けと損がリスクとされる。経済学(経営学)の分野では,合理的に儲けるための数学的手法としてリスクの考え方を導入し,リスクマネジメ

第8章 リスク評価

トとして体系化し，企業経営などに適用してきた[1]。

工学の分野では，各種構造物などのアセットにおいて，安全性を確保するためにメンテナンスが実施される。このメンテナンスの合理化を目的として，リスクの考え方が導入され[2),3)]，化学，石油精製，原子力プラントなどの分野で，リスクベースメンテナンス（RBM：Risk Based Maintenance）が実行されている。すなわち，合理化という付加価値の創成が，リスクという概念の導入を促進した。

現在，インフラ資産の経年劣化が顕在化している。インフラ資産の補修や補強に要する費用は増大する傾向にあるが，一方で公共投資は縮減され，限られた予算の中でその対策を効率的，かつ合理的に実施する必要性が指摘されている。インフラ資産は規模が大きく維持管理費用が膨大になるため，個々の損傷状態を対象にした管理計画だけではなく，管轄内の橋梁群や道路ネットワーク全体を対象にしたアセットマネジメント[4)]が導入されている。そこでは，対象構造物の劣化状態や要求性能，及び社会的便益などを勘案しつつ，ライフサイクル費用を可能な限り抑制するように維持管理の重要度や優先度を決め，維持管理費用を集中投入することが行われつつある。これは，基本的には前述したRBMの概念と一致するものである。

リスク評価とは，限られた予算でどの構造物から検査（調査）を実施し，できる限り精度の高い診断を行い，どの順序で補修補強するかを合理的に判断・決定するための作業にほかならない。的確なリスク評価で得られた結果は，例えば同形式，同諸元のトンネルが人口密集地と過疎地にあった場合，どのトンネルから調査するか，あるいは，同じ損傷が両トンネルで懸念される場合，どちらを補修・補強対象とするか，というような意思決定の基本情報を与えることになる。ISO55000シリーズにおいても，リスクマネジメントの重要性が指摘され，アセットのライフサイクル全体を通して存在するリスクを特定化し，その評価の実施を求めている。

本章では，既に様々な分野で適用が進みつつあるアセットマネジメントにおけるリスク評価に関する基本的な内容を説明するとともに，工学的分野におけ

る適用事例を示す。あわせて，精度の高いリスク評価，管理などを実施するためには欠くことのできない業務に関わる技術者の技量認証について述べる。

8.2 リスクとは

経済学上のリスクは「ある事象に関わる確率的変動」を意味し，確率的変動も想定できないような不確実性と区別する。リスクの概念は，経済学の中でも金融理論においてよく用いられる[1]。これは投資において，将来の収益が必ずしも確実といえない投資手段があるためである。投資におけるリスクは，分散投資を行うことによって低減することが可能である。株式投資を例にすると，単一銘柄に投資を行っている場合，その企業の持つ固有リスクのために，期待される収益の確率的変動が大きい。しかし，投資先を分散すること（ポートフォリオ）によって企業固有のリスクを和らげることができる。投資先を可能な限り分散し，固有リスクを分散することによって，投資によるリスクを市場リスクに近づけることができる。利得がある変動をアップサイドリスク，損失する変動をダウンサイドリスクと呼び，利得，損失いずれに対してもリスクを避けることはできない。

ISO31000「リスクマネジメント－原則及び指針」[5]でも，リスクが定義されている。ここでのリスクは，目的に対する不確かさの影響と定義され，影響は，「期待されていることから，好ましい方向及び／又は好ましくない方向に乖離すること」，目的は，「例えば，財務，安全衛生，環境に関する到達目標など，異なった側面があり，戦略，組織全体，プロジェクト，製品，プロセスなど，異なるレベルで設定されることがある」とされ，対象を限定したものではない。このように，リスクは分野ごとに多種多様に定義されている。

8.3 リスクマネジメント

リスクマネジメントを適用するには，対象となるアセット，そしてアセット

第8章 リスク評価

マネジメントに関連するリスク，さらにアセットのライフサイクル期間中に必要な管理方法の確認，及び実行のために，文書化したプロセスと手順書を準備する必要がある。

具体的な項目として，
① 考慮の対象となるリスクの大きさに適合した内容であること，
② 事後ではなく，予防保全的対応を保障するために，リスクの適用範囲，特徴，そして時間特性について定義しておくこと，
③ 時間経過，そしてアセットの使用によるリスクの変化・変容を，適切に記述すること，
④ アセットマネジメントの目的や計画に基づき，管理，除去，あるいは避けるべきリスクのクラス分けや確認をしておくこと，
⑤ 関与する機関の操業経験や，使用するリスク管理方法の能力に矛盾しないこと，
⑥ リスクマネジメントを効果的かつ時宜的に実行することを保証するために，必要なモニタリング方法を提供すること，
などが挙げられる。

リスクの特定化と評価のためには，リスク事象の発生確率，及び結果の大きさ（影響度）を考慮する必要があり，最低限以下の事項について記述しなければならない。
① 機能故障，付随する損傷，悪意に基づく損傷やテロ攻撃などの物理的故障リスク，
② アセット管理や人的因子，そしてアセットのパフォーマンス，運転条件，あるいは安全性などに関連する操業リスク，
③ 台風，洪水，その他の気候変化の影響で生ずる自然環境に起因する事象，
④ 外部から供給された素材や業務に起因する故障，すなわち関与する機関外部からの要因，
⑤ 通常の要求性能の未達成や機関の評判に関するリスク，すなわちステークホルダーとしてのリスク，

⑥ アセットが，異なるライフサイクルフェーズに入ったことに伴うリスク，などである。

8.4 リスクの工学的評価

8.4.1 工学的リスクの定義

　先に示したようにリスクの定義は分野により様々であるが，工学では「ある事象の生起確率とそれに伴う負のインパクト」と考えることができる。つまり，曖昧な事象の起こりうる確率を定義し，その事象に伴う結果を何らかの単位（金銭，環境負荷など）で求めて，リスクを定量化する。この場合，得られたリスクに許容値を設定できれば，リスクがマネジメント可能となる。工学におけるリスクの概念を，**図8-1**の左側に示す。安全と危険は，決定論的基準で1と0に割り切れるものではなく，これらを包含した全体がリスクであり，リスクの低い側により安全が，またリスクの高い側により危険が位置する。両者の境界は，確率論的基準の適用によって定まる許容値又は目標値であり，この設定がリスクマネジメントの目的となる。

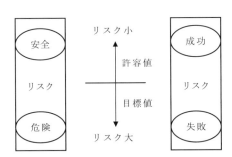

図8-1　リスクの概念[3)]

　アセットマネジメントにおいて，リスクは，
　　故障（損傷）の生起確率（Probability of Failure（PoF））×
　　　　故障（損傷）の影響度（Consequence of Failure（CoF））

で定義される。リスクという用語には，あいまいな部分が含まれるため，アセットマネジメントでは，意味を明確にするため，上述の定義に基づく，

$$PoF \times CoF = BRE（Business\ Risk\ Exposure：リスク値）\quad (8.1)$$

が用いられる。

ここで，いかなるアセットも PoF を有するが，その適用上 ①故障は論理的に予想可能か否か，②それは費用対効果の観点から見て予防可能か否か，の2点が大きな問題であり，リスク評価を行う際の重要課題となる。

例えば，2011年東日本大震災前まで原子力は水力，地熱と同様にCO_2排出量が小さい，つまり環境に優しい電源種別とされていた。しかし，福島第一原子力発電所の事故後にはこのようなことが成り立たず，環境にとって原子力は他に比べ，極めて厳しい電源種別と考えられるようになった。このように事象の影響度やリスクを算定する場合，その境界条件（検討範囲や時間など）を明確に定義する必要がある。

アセットマネジメントにおいて，信頼性と安全性の確保は極めて重要な課題である。しかし，安全に絶対はなく，安全と危険の境界は不明確である。信頼性の指標は前記の故障確率（又は破壊確率）であり，リスク評価では，信頼性をリスクに置き換える。

	影響度(CoF)		
故障確率(PoF)	大	中	小
高	A	A	B
中	B	B	C
低	B	C	C

図8-2　リスクマトリックス[3]

図 8 − 2 は一般的なリスクマトリックスを示している。リスクの指標は，PoF と CoF の組み合わせとなる。PoF は純粋に工学の問題であるが，CoF は社会と経済にも関連する問題となる。図では一例として，PoF と CoF をそれぞれ 3 つのレベルに分類し，その組み合わせとして，リスクを A, B, C の 3 つにランク付けしている。PoF が高で CoF が小の場合のリスクと，PoF が低で CoF が大の場合のリスクは，いずれも B ランクと判定される。アセットマネジメントでは，リスクマトリックスのランク付け結果をリスクの指標として使用する。

8.4.2 故障発生パターン

図 8 − 3 に，一般的に見られる故障率の時間経過に対する変化が示されている。バスタブ（Bathtub）曲線と呼ばれ，使用開始直後の比較的早い時期は，設計及び製造の欠陥，使用環境の不適合等によって高い故障率を示し，初期故障期間という。その後，故障率がほぼ一定となる偶発故障期間を経て，劣化によって故障率が急激に上昇する摩耗故障期間に至る。こうした曲線は，メンテナンスを行わない機械・電子部品などの消耗品における傾向を表すものであり，設計及び製造の欠陥による初期故障率と，劣化及び損傷による摩耗故障率の和を示している。

一方，インフラ資産のように耐久性がある資産（耐久品）の場合，故障率は図 8 − 4 の実線（比較のため消耗品における曲線が破線で加えられている）のように変化する。初期故障率は消耗品に比べ顕著ではない。摩耗故障率は供用時間の増加に伴って上昇するが，維持補修により初期の状態に戻ることが可能な場合がある。同様のことが繰り返されると，時間の経過に伴い摩耗故障率が次第に増加し，維持補修のために多額の費用が掛かるようになる。したがって，インフラ資産を更新した方が，ライフサイクル費用が小さくなる可能性が出てくる。

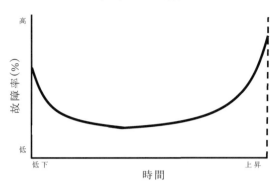

図8-3 消耗品における故障発生の一般的なパターン（バスタブ曲線）

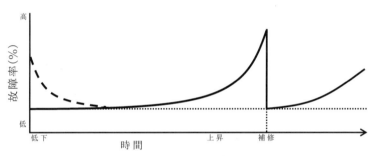

図8-4 耐久品における故障発生のパターン

8.4.3 故障モード

表8-1に示すように，アセットの故障モードとして，1）アセットが本来持つ能力に関連するもの，2）使用中のサービス水準に関連するもの，3）使用に伴う摩耗に関連するもの，4）使用における効率に関連するものなど4つが挙げられる。これら故障モードを始め，対象となるアセットの機能，故障原因，故障挙動，故障による影響度などを基に，**図8-5**を用いてアセットの故障解析が行われる。

8.4.4 故障確率（PoF）

リスク評価で基本となるPoFは，故障モードに直接関連付けられるが，それ

8.4 リスクの工学的評価

表8-1 アセットにおける4種の主要故障モード

故障モード	定義	戦術	マネジメント戦略
能力	需要量が設計能力を上回る	成長，システムの拡張	再設計
サービスレベル	機能要求が設計能力を上回る	コード及び認可，雑音，臭気，生命安全性，サービスなど	運転，及びマネジメントの最適化，更新
損耗・摩耗	アセットの損耗により，性能が受け入れ可能レベルを下回る	加齢，操作ミスを含む使用，自然現象などに起因する物理的劣化	運転，及びマネジメントの最適化，更新
効率	運転コストが代替コストを上回る	元取り期間	取換え

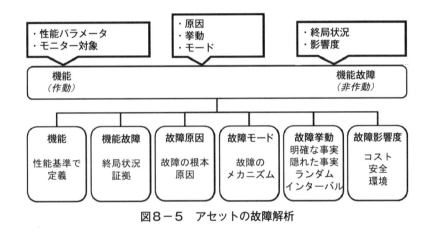

図8-5 アセットの故障解析

を完全に定義することは一般的に不可能である。対象となる故障の程度をどの程度正確に表現し，故障の範囲を推定可能にできるかが大きな課題である。

PoFを確定するためのデータとして，経験的に得られる故障発生平均時間，対象アセットの供給者，あるいはそれらを使用する業界から得られる管理情報，書面で保存された故障記録，関与した技術者の記憶，そしてアセットの監視制御データ採集システムで保存・管理されたデータベースなどがある。これらの統計データに基づいて，PoFを決定することができる。**図8-6**は，アセットの寿命損耗率と性能との関係を示している。ここで，図中の●印で与えられる

アセット性能の分析データを結ぶことにより，性能劣化曲線が得られ，これを基にアセットが具備すべき機能の平均特性が導き出され，さらに対象アセットが満足すべき最低性能基準が決められる。ここで問題となるのは，性能が最低基準を下回るようになった場合で，この場合の条件を数値化してPoFを定めることになる。

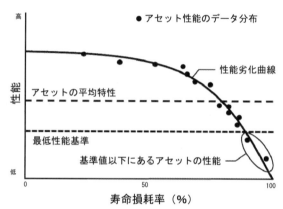

図8－6　アセットの寿命損耗率と性能との関係

8.4.5　評価方法

　リスク評価とは，特定したリスクについて対策を実施すべきリスクであるか否かの対応方針を明らかにし，かつ優先順位を与えることである。あらかじめリスクの基準（リスククライテリア）を定め，それに基づいて判断する。

　リスククライテリアは，リスクの順位付けのための基準であり，リスクマトリックス上の領域分けを用いて表現される場合が多い。その一例を図8－7に示している。ここで，リスクの対応方針としては，直ちに行動，積極的監視，サンプル的監視という3種類を考えることができる。図中Dに示されるように，リスク及び影響度が大きい場合には，直ちに行動し適切に対処することが求められる。一方，リスクは比較的小さいが影響度の大きい場合，又はリスクが大きいが影響度の比較的小さい場合には積極的な監視を実施し，リスクも影響度も小さい場合にはサンプル的な監視を行うこととしている。

8.4 リスクの工学的評価

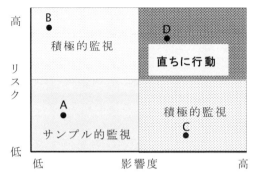

図8-7 リスクと影響度との関係を示すマトリックス模式図

アセットマネジメントにおいて,リスクの削減が安全対策として最も重要になるが,リスクを完全に除去することは不可能であり,リスクと経済的便益の双方を考慮した意思決定が重要である。

リスク評価において故障確率(PoF)の推定が重要な課題となるが,故障確率の推定には**表8-2~4**にまとめているような要因を考慮することが必要となる。

表8-2 寿命損耗率と故障確率(PoF)との関係

寿命損耗率%	PoFレベル
0	1
10	2
20	3
30	4
40	5
50	6
60	7
70	8
80	9
90	10

第8章　リスク評価

表8-3　直接観察結果に基づくPoF重み付け

評価*	確率重み付け	記述
ほとんど確実	100	1年以内に発生
非常に高	75	1年以内に起こる可能性あり
高	50	1年以内に起こる可能性は50%程度
可能性あり	20	5年以内に発生の可能性あり。1年以内に発生の可能性は20%程度
中程度	10	10年以内に発生の可能性あり。1年以内に起こる可能性は10%程度
低	2	50年以内に発生の可能性あり
非常に低	1	100年以内に発生の可能性あり

＊1年以内に起こる可能性

　表8-2に，アセットの加齢に伴う寿命損耗率とそれに対応するPoFレベルの概念が例示されている。加齢により寿命損耗率が上昇し，それに対応してPoFレベルが大きくなっている。**表8-3**に，直接観察で得られた評価（例え

表8-4　考慮すべき優先度の順位付け

優先度	記述
1	法令あるいは会社の方針による命令
2	複数プロセスに波及。オンラインスペアがない状況で，継続的に発生
3	複数のプロセスに波及。オンラインスペアがない状況で断続的に発生，あるいは4時間以内に生産ロスを発生
4	単一のプロセスに影響。オンラインスペアがない状況で断続的に発生，あるいは4～24時間以内に生産ロスを発生
5	単一のプロセスに影響。オンラインスペアがない状況で断続的に発生，あるいは24時間以内に生産ロスを発生
6	複数プロセスに波及。オンラインスペアがあり，継続的に発生，あるいは生産ロスは発生せず
7	複数プロセスに波及。オンラインスペアがあり，断続的に発生，あるいは生産ロスは発生せず
8	単一のプロセスに影響。オンラインスペアがあり，断続的に，あるいは継続的に発生。生産ロスは発生せず
9	安全，生産，あるいはコストに対する影響はないかあっても微小

ば劣化度など）と，それに対応するPoF重み付けの関係がまとめられている。評価が高くなるほど重み付け値は大きな値を示し，可能性が非常に低い場合にその値は1であるのに対し，ほとんど確実に起こりうると評価された場合には，100が与えられている。**表8－4**に，PoFを求める際に考慮すべき優先度（重要度）を，高いものから順にリスト化してある。法令あるいは会社の方針により定められた事項は優先度が最も高く，生産ロスの発生しないアセットに対しては優先度が最も低くなっている。さらに，収入の側面から優先度がリスト化される。価値創出に伴う核心部分を担うアセットに最も大きな優先度が与えられ，一方，収入に直接関係せず，生産の質にも影響が小さいアセットには，比較的低い優先度が与えられる。このように，PoFの決定は，様々な関連因子を考慮し，その重要度を判定しながら行われる。

8.4.6 冗長性の導入

信頼度が重要な消耗品に対して，部品の集合体として構成されている自動車，電車，航空機などの場合，個々の部品の信頼度を高めることだけでは信頼性を確保できない。そこで，一部が壊れたり誤作動したりしても，全体に大きな影響がない配置と構造にするフェールセーフ（Fail safe）構造を設計段階から考慮することが行われている。このために，同一機能の機器を複数並列に用いて冗長性（Redundancy）を持たせた構造が用いられる。また，定期検査によって損傷及び故障を早期に発見でき，修理しやすい構造にしておくことも重要である。さらに，故障が起きる前に異常振動などを常時監視（モニタリング）することによって検出し，修理，取替え等のメンテナンスによって，故障を未然に防ぐことが行われている。

こうした冗長性は，土木構造物などのインフラ資産におけるリスク評価にも，取入れられている。今，冗長性が故障確率に及ぼす影響の程度を表す冗長性係数をR（Redundancy factor）とすると，リスク値（BRE）は，

$$BRE = PoF \times CoF \times R \tag{8.2}$$

で与えられる。ここでRは，PoFに作用し，BREを下げる働きをする。**表8－**

5は，Rの設定例を示している。すなわち，50％の冗長性を持たせるなら，PoFを50％減少できるが，さらに2重構造とし200％にするなら，PoFを98％減少できる。

表8-5　冗長性係数の設定例

冗長性の形式	冗長性率(%)	冗長性係数R*(%)
部分	50	0.5
完全	100	0.1
2重	200	0.02

＊以下を考慮して冗長性係数Rを設定
- 真の冗長性(ピーク値 vs. 平均値)
- 装置の年齢，及び状況
- 運転環境の性質
- 故障モードの性質(明確な事実，隠された事実，ランダム)

リスク評価を適用する際に作成されるリスクマトリックスが，図8-8に与えられている。PoF（Rの影響を含む）とCoFをマトリックスとして表したもので，PoFが低→高，またCoFが低→高，に対応してリスクが極低（N）→低（L）→中（M）→高（H）→超高（E）と変化する様子が示されている。

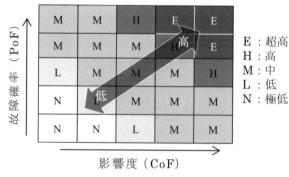

図8-8　リスクマトリックスの例[3)]

8.5 適用例

8.5.1 土木構造物

石油精製プラントにおける382箇所のコンクリート基礎に対して,リスクベースメンテナンス(RBM)が適用されている[6]。このプラントは,1969年に海岸近傍に建設されたが,近年,全体の劣化が著しく,生産効率と稼働率に大幅な支障をきたしていた。そのために,プラント全体の総合的な改修計画を策定するツールとしてRBMが用いられた。破損の起こりやすさは,目視検査によるひび割れ,塩害,鉄筋腐食などの劣化検査結果と,コアサンプル採取による圧縮強度,塩害,中性化などの分析結果から,土木学会が定義している劣化曲線[4]に従ってランキングする。被害の大きさは,コンクリート基礎上に設置されている機器の重要度,及び破損の影響度から決定する。これらの結果をリスクマトリックス上に表示し,リスクの順位付けを行い,リスクの大きい順に補修計画を策定した。

土木構造物の補修と補強戦略の方法論としてリスクを考慮した手法では,地震ハザード,降雨ハザードに対して,性能劣化過程をマルコフ過程で表現し,コストとリスクのトレードオフを考慮した最適代替案の選択が可能となる手法が提案されている[7]。

水力発電土木構造物におけるリスク評価では,長期的な保全計画とともに,地すべり損傷などの短期的に顕在化するリスクを含めたライフサイクル費用を計算する手法が提案されている[8]。ここでは,地すべり損傷リスクを定量化し,その経年変化を考慮した長期的な計算が可能であり,財務インパクト評価も行っている。

8.5.2 化学プラント

化学プラントには膨大な数の機器と長大な配管系が存在するために,それらの全てに渡って詳細な検査を実施することは不可能である。そこで,定期的な全停止期間中に,機器に想定される全ての損傷事象について,過去の損傷頻度,

深刻さ,及び操業条件から得られる指標(劣化度,又は健全度と呼ばれることが多いが,RBMにおける故障確率に相当する指標)と,その機器が停止した場合のインパクトの大きさから得られる指標(重要度と呼ばれることが多いが,RBMにおける影響度に相当する指標)の双方を考慮して,検査を実施するための優先順位付けが行われている。

RBM適用例として,地上タンク底板のAE法による腐食損傷評価[9]がある。地上タンクは,原油や,ガソリン,軽油,重油などの製品油,あるいは各種化学素材を貯蔵するために広く用いられる。タンクの底板は供用中に外部から検査することが不可能なため,我が国において安全性を担保する目的で,1,000kl以上の貯蔵容量を持つタンクについては,一定使用期間ごとに内部を開放し,適切な方法で検査することが,消防法により義務付けられている。しかしながら,タンク設置場所における環境条件などの影響で,開放検査前に底板腐食に起因する漏洩の発生する場合があり,大きな問題となっている。いったん漏洩が発生すると,安全性,環境保全,そして何よりその後に必要となる処理費用は莫大であり,底板の腐食損傷状態を供用中に調査し,漏洩を未然に防止するための検査技術の開発が強く求められた。

こうした背景のもと,欧米各国及び我が国で,タンク底板の腐食損傷状態を評価する手法として,AE法の適用が試みられた。これにより,適切なAEセンサー/計測法を用いれば,底板で発生する活性な腐食に起因する微弱なAE信号を検出できること,また,それは底板の腐食損傷状態と強い相関を持つことが明らかになった。

現在,世界各国において,RBMの普及をめざして,以下に示すような手順でこの試験法が適用されている。すなわち,これまでに実施された数万を越す試験例で構築されたデータベースを基に,試験データ評価手順に従い,腐食損傷状態に対応してA, B, C, D, Eのグレード分けが行われる。

実際の判定には,通常のAE解析データによるグレードに加え,信号継続時間が長く大きなエネルギーを持つAE信号(PLD:Potential Leak Data)の評価で得た指標が併用される。表8−6に,その判定基準が示されている。ここで

8.5 適用例

表8－6 通常のAEデータ及びPLDに基づく損傷グレードの判定基準

PLDグレード＼全体グレード	A	B	C	D	E
A	I	I	II	(n/a)	(n/a)
B	I	I	II	II	(n/a)
C	II	II	III	III	III
D	II	III	III	IV	IV
E	III	III	IV	IV	IV

n/a：存在しない
I ：4年後にAE試験
II ：2年後にAE試験
III，IV：1年以内に解放検査

Iと判定された場合，タンクは開放することなくそのまま操業を継続し，4年後に再度AE試験の実施を推奨している。またIIと判定された場合，操業を継続し，2年後に再度AE試験の実施を推奨している。一方，IIIあるいはIVと判定された場合，開放検査を遅くとも半年あるいは1年以内に行うべきことを推奨している。欧米のメジャー系石油会社や大手化学会社では，この判定基準に従ってメンテナンスを実施することが一般化され，開放検査期間を大幅に延長することが可能となったため，維持・管理費を従来に比べ90％程度節約できるようになったと報告されている。

8.5.3 原子力発電プラント

原子力発電プラントにおける最大のリスクは，言うまでもなく，原子力発電所内にある放射性物質が放出され，人と環境へ悪影響を及ぼす可能性が存在することである。このリスクを評価する技術として，確率的安全性評価（PSA：Probabilistic Safety Assessment）技術が適用されている。PSA技術は，1960年代から開発が進められ，1979年のスリーマイル島（TMI）事故報告では，決定論的安全解析に加えて，PSA技術の使用が推奨された。また，TMI事故以降の原子炉安全性研究で，TMI事故事象が頻繁に取り扱われたことから，この技術が注目され，さらに安全上重要なリスク低減活動に資源を重点配分するために，各国で原子力発電プラントの安全性研究にPSA技術が適用されてきた。

このように，比較的早期から原子力発電プラントのマネジメントに対して，

リスクの概念が取り入れられてきた。しかしながら，2011年3月11日に発生した東日本大震災・津波により，福島第一原子力発電所において，炉心溶融，放射性物質の大量放出という大事故・災害が発生したことは，極めて遺憾なことである。これは，地震発生以前までに得られていた限定的な知見に比べ，想定外の高さを持つ津波が襲来したこと，及びその結果として生じた極大のリスク事象（全電源の喪失）をあらかじめ考慮しなかったことに起因していることは，周知の事実である。この事故から得られた教訓は，

① 安全に絶対はなく，安全と危険の境界は不明確であること，
② 技術の適用において想定外の事態を極小化するため，常に技術開発を続け，技術の妥当性について検証し続ける必要があること，

などであろう。

アセットマネジメントにおいて，安全性を確保することは極めて重要である。この事故から我々が学ぶべき点は多大であり，アセットのリスク評価を実施するに際し，1つの重要な指針を与えてくれる経験と考えられる。

8.6 アセットの状態モニタリング

ISO55001の要求事項として，「パフォーマンス評価」に関する項目（箇条9.1）がある。その中で，状態モニタリングに関して，組織はアセットマネジメントのパフォーマンスやアセットマネジメントシステムの有効性について評価し，報告しなければならないとしている。また，そのために，組織は，必要とされるモニタリング及び測定の対象，方法，実施時期，並びに結果の分析及び評価の時期を決定しなければならないとしている。

橋梁などアセットの加齢化が進展し，問題が深刻化している欧米諸国では，様々な手法を用いたインターネット状態モニタリングが実施されている[10]。例えば，アメリカにおいては，橋梁施設に対してAE法，ひずみ測定，変位測定，振動計測，光ファイバー計測など複数の手法を並行して用いた状態モニタリングが実施されている。その一例として，フィラデルフィア（ペンシルベニア州）

と対岸のニュージャージー州を結ぶために，デラウェア川に1922～1926年にかけて建設された吊橋に対して状態モニタリングが実施されている．本橋は交通量が極めて多く，道路ネットワークにおいて重要な役割を果たしている．

本橋では，1972年以降，適切な維持・管理（ケーブルのオイリングなど）を中断したため，近年になり，ケーブルを構成する鋼線ストランドの10％近くが破断しているのが，目視検査により確認された．こうしたケーブルの補修には多額の費用が掛かり，さらに深刻な交通障害を引き起こすなどの問題の生ずることが推定された．このため橋を管理する港湾当局は，補修を行わず，AE法などのモニタリングシステムを利用して鋼線の破断状況を連続監視し，橋の安全を確保することにより，そのまま供用し続けることを決定した．

現在このようなモニタリングは，全米にある10数ヶ所の橋梁において実施されている．また，英国においても，ケーブルやPC桁に損傷の発見された橋梁の状態監視を行う目的で，20箇所を超える橋梁（吊橋，コンクリート橋，鋼橋）において，インターネット利用による状態モニタリングが実施されている．

8.7 技術者の技量認証

リスクマネジメント（リスク評価，管理など）を実行するには，リスクの適用範囲，特徴，変化・変容，発生確率，結果の大きさ（影響度），種類・クラス分けなど，様々な技術事項を正しく認識・評価できることが要求され，十分な知識と能力を持つ技術者が必要である．それには，関与するスタッフの技量レベルなど，要求に見合う人的資源を確保し，要求される訓練と技量レベルを保証するための認証制度を確立する必要がある．

我が国においても，国土交通省の社会資本メンテナンス戦略小委員会において，今後の社会資本の維持管理・更新のあり方が議論される中で，維持管理の資格制度として，各分野における民間の資格を，評価・登録する制度の創設が提言されている[11]．これを受けて「技術者資格制度小委員会」が立ち上げられ，登録制度の具体化（民間資格の評価方針等）が検討された．

第8章 リスク評価

　一方，性能及び故障モードの評価に大きく関連し，アセットの状態や健全性を評価するために，必要欠くべからざる技術の1つである非破壊検査（NDT：Non Destructive Testing）に関わる技術者については，既にグローバル標準と見なされる技量認証制度が確立され，運用されている[12]。

　JIS Z 2305：2001規格は，1999年に第2版として発行されたISO9712を翻訳し，様式を変更せず，技術的内容を変更して作成した日本工業規格である。一部国情に合わせ，原規格（ISO9712）を変更しているが，基本的には原規格と互換性を持つ国内規格とみなして問題ないとされる。

　この規格では，RT（放射線透過），UT（超音波探傷），MT（磁気探傷），PT（浸透探傷），ET（渦電流探傷），SM（ひずみ測定）について規定している。ただし，付帯事項として独立した認証制度があるという条件の下で，目視検査（VT），漏れ試験（LT），中性子ラジオグラフィー（NT），AE（AT），及びその他のNDT方法についても適用できるとしている。

8.8　おわりに

　リスクは考慮する要因やその範囲（境界）により様々変化するが，評価結果を直接的にインフラ資産の補修補強の優先順位付けに利用することが可能である。リスク評価に用いられるリスクマトリックスでは，現状の損傷状態，損傷メカニズム，残存寿命，過去の運用履歴，現在と将来の運用状態などの項目について重み付けを行い，縦軸（PoF）をランク付けする。また横軸となる影響度（CoF）は，部位，部品，装置，設備，周囲への波及を考慮し，災害，補修，収入損失などのコストを算定して，ランク付けが実施される。こうした方法は，化学プラントや原子力プラントなどのアセットで，既に広く用いられている。

　ここで，鉄道などの公共交通機関への適用を考えるなら，我が国の大動脈をなす幹線鉄道のみを保全対象とすることもできる。しかし，実際に鉄道でこのような概念を完全に導入すれば，人口過疎地域内での維持管理が後手にまわり，人口が集中した都市部及びその周辺部のみが集中保全されることになる。この

8.8 おわりに

場合,公共交通機関に要求される,地域に依存しない同水準のサービス確保という前提条件を,維持できない可能性が発生する.したがって,リスク評価をアセットマネジメントに適用するには,地域の特徴や社会環境などを事前に十分吟味し,適切に実施して行く必要がある.

リスク評価を行う際には,安全に絶対はなく,安全と危険の境界は不明確であること,そして技術の適用において想定外の事態を極小化するため,常に技術開発を続け,技術の妥当性について検証し続ける必要があることを銘記しておく必要がある.

参考文献

1) Warburg Dillon Read and Goldman, Sachs & Co.：The Practice of Risk Management, Euromoney Institutional Investor PLC, 1998.（藤井健司訳：総解説・金融リスクマネジメント―総合リスク管理体制の構築,日本経済新聞社,1999.）
2) 関根和喜 編著：技術者のための実践リスクマネジメント,コロナ社,2008.
3) 小林英夫 編著：リスクベース工学の基礎,内田老鶴圃,2011.
4) 土木学会 編：アセットマネジメント導入への挑戦,技報堂出版,2005.
5) 日本規格協会：ISO 31000：2009 リスクマネジメント－原則及び指針,第1版,英和対訳版,2009.
6) 戸田勝哉,富士彰夫,宇治公隆：リスクベースメンテナンスによるコンクリートドックのメンテナンス最適化,材料,Vol.59, No.3, pp.243-249, 2010.
7) 畑明仁,堀倫裕,亀村勝美：リスクを考慮した土木施設の補修・補強戦略の方法論,大成建設技術センター報,No.40, pp.09-1–09-6, 2007.
8) 松田貞則：水力発電土木施設のリスクアセスメント,こうえいフォーラム,Vol.14, pp.1-6, 2006.

9) 湯山茂徳：タンク底板のAE法による腐食損傷診断, 超音波TECHNO, Vol.14, No.1-2, pp.119-125, 2002.

10) 湯山茂徳：社会基盤構造物のAE連続モニタリング, 非破壊検査, Vol.60, No.3, pp.165-171, 2011.

11) 国土交通省：社会資本メンテナンスの確立に向けた緊急提言：民間資格の登録制度の創設について, 国土交通省社会資本整備審議会・交通政策審議会技術分科会技術部会, 2014.8.
http://www.mlit.go.jp/common/001051826.pdf

12) 湯山茂徳：海外におけるAE試験技術者の資格, 及び技量認証制度と国内の対応, アコースティックエミッション特別研究委員会資料, No.117, 日本非破壊検査協会, pp.1-10, 2002.

第9章　サービス水準の設定

9.1　はじめに

　ISO55000シリーズでは，アセットマネジメントとは，「アセットからの価値を実現化する組織の調整された活動」であり，アセットマネジメントシステムとは，方針，目標及びその目標を達成するためのプロセスを確立するための，相互に関連し，作用する一連の要素をいう。目標を立てることは，組織全体としてのアウトプットを決めることであり，プロセスを確立することは，プロセスのインプットとアウトプットを決めることにほかならない。プロセスのインプットは前段のプロセスのアウトプットであることが多いので，マネジメントシステムを確立することは，組織のビジネスプロセスのアウトプットを設計することになる。

　サービス水準は，組織が達成するアウトカムを計測可能な形式で表現したものである。したがって，サービス水準を核として，これを達成するための一連のプロセス・アウトプットのフレームワークが形成される。サービス水準は，組織が達成する社会的，政治的，環境的及び経済的成果（アウトカム）を反映するような安全，顧客満足，質，量，能力，信頼性，応答性，環境上の受容可能性，コスト，利用可能性等で表現される。

　組織は，組織の目標や方針に整合したアセットマネジメント目標を定め，その目標を達成するための計画をつくる。アセットマネジメントはアセットから生み出される価値の実現を可能にするものであり，その価値の実現には，コスト，リスク，機会及びパフォーマンスのバランスを取ることが含まれている。「リスク」と「機会」はしばしば対で使われる。「リスク」が，目標に対する不確実性の影響であるのに対して，「機会」は組織がその目標を達成するために追及すべき可能性であり，特にマネジメントレビューからのアウトプットに含

まれる継続的改善の機会は重要である。

　コスト，リスク，機会及びパフォーマンスはいずれもマネジメントの対象ではあるが，アウトカムとして追及すべきものとしては主としてコスト，リスクとパフォーマンスとなろう。コストはもちろん，パフォーマンス，リスクも測定可能であり，アセットマネジメントのアウトカムと捉えられるから，この3つの要素は，サービス水準の対象となりうる。ただし，サービル水準はアウトカムであるから，顧客やユーザーの立場に立ったパラメータとして表示されることが望ましい。サービス水準は，顧客やユーザーの視点に立ち，可能な限り測定可能な形式で表現されることが望ましい。また，サービス水準は，組織活動のアウトカムの属性に応じて，コスト，リスク，パフォーマンス等の要素について設定しうる。これらの要素は互いにトレードオフの関係となる場合があり，また同じ要素間でも異なるサービス水準同士でトレードオフとなることがあるため，あらかじめ定められる意思決定基準を用いて，サービス水準間の優先順位付けが行われる。

　サービス水準が決まったら，それを達成するための活動とアセットのパフォーマンス，さらにそのアセットのパフォーマンスを達成，維持するための活動を分析，特定し，それぞれの活動及びアセットのパフォーマンスについて業務管理指標の目標値を設定する。これらの目標値は，通常ヒエラルキー構造で表される。すなわち，サービス水準あるいは上位の業務管理指標値を満足するために，下位の活動及びアセット能力に求められる業務管理指標値が目標順に決められ，ヒエラルキー構造の業務管理指標目標の体系が形成される。このようなマネジメントにおける目標管理，知識管理やその継続的改善のツールがロジックモデルである。

　本章では，**9.2**でロジックモデルの概要，**9.3**でリスク管理水準の設定の考え方について述べるとともに，**9.4**ではロジックモデルの適用事例として，道路利用者に対して直接的な影響がある路上点検等の日常維持管理業務を取り上げる。そこでは，維持管理業務の目標・手段体系をロジックモデルとして体系的に整理し，アウトカム指標，アウトプット指標の設定を通じて，維持管理上

のサービス水準の1例としてリスク管理水準の適正化を試みた事例について報告する。すなわち，道路利用者等が直面するリスクが過大な管理項目に関しては，維持管理業務におけるリスク管理水準を上げてリスク軽減を図るとともに，リスクが必要以上に小さなものについては，リスク管理水準を引き下げることにより，コストを縮減する。それにより，管理施設全体のリスクをバランスよく抑制しつつ，コスト縮減を達成することができる。

9.2　ロジックモデルの構築

9.2.1　ロジックモデルの概要

　NPM[1]理論によれば，全ての施策・事業には，必ず，その活動によって，どのような成果を産み出すのか（又は，産み出そうとしているのか）という論理・道筋の仮説が存在する。ロジックモデルとは,最終的な成果（ここでは「顧客満足度の向上」や「道路通行車両のリスク軽減」等）を設定し，それを実現するために，具体的にどのような中間的な成果が必要か，さらに，その成果を得るためには何を行う必要があるのかを体系的に明示するためのツールである。すなわち，評価対象となる施策・事業を実施することによって，どのような影響があり，最終的にどのような成果を上げていくのかについて，複数の段階・手順に分けて表現しつつ，それぞれについて一連の関連性を整理・図式化することにより，施策・事業の意図を明らかにするものであり，以下のように定義される[2]。

① 　ロジックモデルは，社会システムあるいは行政経営システムの経営目標としてのアウトカムに対して，経営資源の活用方法や事業，サービス，施設等のアウトプットがどのように関係し，貢献するかを論理的に表した体系図あるいは論理モデルである。

② 　ロジックモデルは，体系図あるいは論理モデルの形態を有し，経営システムの構造そのものを示している。

③ 　ロジックモデルは，定性的な関係を示すとともに定量的な関係を示すこ

第9章 サービス水準の設定

ともできることから，経営システムの経営目標に対する達成度評価，パフォーマンス評価のツールとして機能する。

④ ロジックモデルは，一定の社会環境，自然環境，技術環境のもとで構築される経営システムの構造を示している。

以上のように，ロジックモデルは，行政経営における経営システムの確認あるいは見直しのツールとして機能する。また，ロジックモデルはNPM理論を支援する基本的ルールとして定着しており，行財政改革の実践の中で適用されてきた実績を持っている。我が国においても，2001年に「行政機関が行う政策の評価に関する法律」が施行され，政府各省庁において，政策評価活動のための基本計画が作成されているところである。しかし，現在のところ，ロジックモデルを用いて，目標・政策を体系化するまでには至っていない。これに対して，欧米諸国ではロジックモデル作成のマニュアルも提案され，特にアングロサクソン諸国において幅広く適用されてきた。また，アセットマネジメントの分野においても，オーストラリア等においてロジックモデルの適用事例が報告されている[3]。

ロジックモデルは，具体的な活動から最終的な成果に至るまでの中間段階で

表9-1 ロジックモデルの要素

要素	内容
インプット （資源・活動）	予算・人員など，施策を実施するために投入される資源及び活動
アウトプット （結果）	職員の活動が行われたことによって生み出される結果
中間アウトカム （成果）	活動・結果がなされたことによって生じる，比較的短期間で顕在化する（であろう）成果
最終アウトカム （経営目標）	その施策が目指している最終的な成果。一般に，達成されるまでに長い期間を要し，施策の枠を越えた外的要因に影響されることもある

経営目標　　　成　果　　　結　果　　　資　源・活　動
最終アウトカム　中間アウトカム　アウトプット　インプット

9.2 ロジックモデルの構築

起こりうる様々な事象を要素として示し，それら要素間の関係を1本又は複数の線でつなげることによって，成果達成のための道筋・手順を明らかにする役割を果たす。通常，施策・事業対象の変化・改善度合いを表すアウトカムについては，数段階（例えば，中間・最終の2段階）にブレークダウンして表現する（**表9－1**）。

ロジックモデルの形式的な特徴は，
・活動（投入資源）から最終的な成果に至るまでの過程を1本又は複数の線によってつなげること
・成果の段階を複数段階に分けて提示すること
の2点により，ブラックボックスになりがちである施策・事業の成果導出過程を誰の目にも明らかな形で示すことができる点にある。

欧米諸国で採用されているロジックモデルは，表現形式により，**図9－1**，**図9－2**に示すように大きく2つに分類できる。1つはボックス型であり，もう1つはフローチャート型である。いずれの形式も，行政活動（資源・活動）を出発点として，最終成果を到達点とする点では変わりはないが，前者では同じ水準（例えば，活動，結果，各成果等，それぞれの段階）にある複数の事象をまとめて1つのボックスに格納し，ブロック単位でつながりを表現しているのに対して，後者では水準個別の事象の要素をそれぞれ別個のボックスに格納

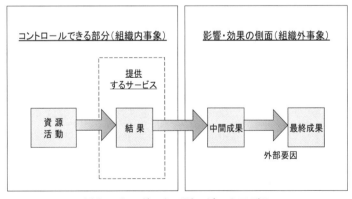

図9－1　ボックス型ロジックモデル

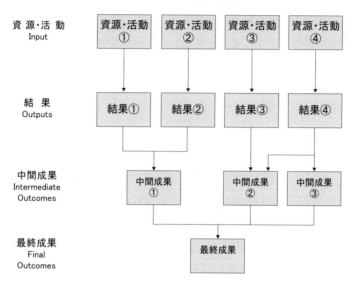

図9－2　フローチャート型ロジックモデル

し，要素単位でのつながりを表現している。これらの形式については特にどちらが優れているというものではなく，作成しやすい方，又は後の利用状況を想定して形式を選択することになる。

　なお，ロジックモデルを作成する際には，プログラムの成果に影響を及ぼす外部要因も，可能な限り詳細に明らかにしておく必要がある。特に，フローチャート型での下段，ボックス型での右列に行けば行くほど，外部要因が影響を及ぼす度合いが大きくなるため，あらかじめロジックモデルの中に組み入れておくことが必要である。一方，ロジックモデルを作成することの最大の利点は，プログラムの立案者，実施者，管理者，評価者，住民などのステークホルダーが，プログラムが必要なのか，成果が達成されるのか，達成されないのか，そして原因はどこにあるか等の本格的な政策論争を1つのロジックモデルを共有題材として，容易に行うことが可能になることである。こうした試行錯誤のプロセスを通じて，施策が意図している目的と，実際に行う活動との間を結ぶ「論理性」，「因果関係」が，より強固に証明されることになるのである。ロジッ

9.2 ロジックモデルの構築

クモデルの様々な利点を整理すると**表９－２**に示すようになる。

表９－２　ロジックモデルの利点

段　階	利　点
全体像の提示	最終成果を達成するために，何を行うのか（行うべきか）の全体像が分かる
	作業から最終成果に至るまでに発生するであろう様々な事象が，論理的かつ網羅的に予測，提示される
詳細分析（事前）	最終成果を達成するための重要な要因とそれを担うべき主体が特定され，代替案を検討，分析することができる
	最終成果の達成可能性が明らかになるとともに，施策に関与している組織間の共同，協力関係が表示される
詳細分析（事後）	プログラムの成果を，何をもって測定すればよいか分かる
	中間成果の表示により，最終アウトカムが達成されない場合の問題の所在が特定でき，どこを改善すべきかが分かる
その他	作成のプロセスを通じて，意識の統一が図られる
	情報公開をすることで，外部に対するコミュニケーションツールとなる

9.2.2　ロジックモデルの構築

　日常維持管理業務が最終的には道路利用者の走行安全性を確保するために行う作業であることは，これまでも概念的には理解されてきた。一方，その因果関係に関しては，これまでも担当各個人や部署レベルにおいて概念的には意識されてきたものの，体系的・組織的に整理されたものはなかった。したがって，同一の維持管理業務でも路線や時期によってリスク管理水準が変動したり，異なる業務間でリスク管理水準の整合性が図れていなかったりという問題が発生する可能性があった。本節では，維持管理業務全体のリスクマネジメントを効果的に実施することを目的として，組織全体における維持管理業務体系を整理し，維持管理業務において達成すべきリスク管理水準とそれを実施するための維持管理業務の内容をロジックモデルにより表現することとした。ロジックモデルにおいては，インプットを日常維持管理業務の活動状況や頻度とし，最終アウトカムを道路利用者が享受する「走行時の安全性の確保」等とし，中間段階で考えうる因果関係を中間アウトカム指標やアウトプット指標を用いて可能な限り定量的に評価できるように体系化した。さらに，インプットとアウトカ

ムの関係を定量的に評価するために政策評価モデルの開発を試みるとともに，定量化した各指標について，3種類の管理水準，1）リスク評価によりアウトカムのある目標を達成するように定めたもの，2）業務のパフォーマンス状態を示すためにベンチマーク的に定めたもの，3）業務体制の是非を評価するために事象を処理するための時間を定めたもの（MTTR：Mean Time To Repair）を設定した。このうち，リスク管理水準の設定手法について**9.3**で述べることとしたい。以上の考え方で作成したロジックモデルは大規模なモデルであるが，紙面の都合上，**図9－3**には，ロジックモデルの一部のみを取り上げ，モデルの概念構成を例示している。

図9－3 維持管理ロジックモデルの樹形図（一部）

9.2.3 業績評価計画の策定

　ロジックモデルを構築する場合，すぐに大きな壁に直面する。最終目標や中間目標の具体的な状態を表現するアウトカム指標のデータが得られず，因果関係の分析ができないためである。ロジックモデルを構築するためのデータはほとんどが現場でなければ収集できないものである。統計書等によって整理されているデータを用いることもあろうが，それほど多くはない。ロジックモデルを構築するためのデータがあらかじめ用意されているケースはほとんどない。

また，ロジックモデルを構築するに当たり，最終目標と中間目標，また中間目標とアウトプット間の全ての因果関係を分析していくとなると，データ収集の困難性に加えて，その分析に要する時間やコストは膨大なものになり，ロジックモデルの構築そのものが難しくなってしまう。

　このような状況を回避するためには，日々の業務活動の中でデータを計画的に収集しながら因果関係の分析を積み上げていくのがよい。そこで，**表9－3**に示すような「評価計画」をマネジメントプロセスの中に組み込むことにより，最終目標，中間目標，そして事業からなるロジックを構築していく中で，何を重点的に検討しなければならないか，それを解決するためには何を知らなければならないのか，それをどのようにして知るのか，またそのためのデータがどこに所在し，それをどのようにして入手し，どのようにして分析，説明していくのか等をあらかじめ評価計画として定めておくのがよい。

表9－3　評価計画の内容

	最終目標	アウトカム		アウトプット	インプット
		長期	短期		
評価内容					
評価指標					
情報・データの所在					
収集方法					
分析方法					
結果の整理					

　評価計画を定めることによって，事業を計画し，実行し，評価するマネジメントサイクルを実践していくことになる。評価計画に沿って実施段階では必要なデータを収集し，又は実効性を確認する。評価段階では収集したデータ等による因果関係（確実性）の強さや効果の大きさ等について分析を行う。それにより，ロジックモデルを何度も見直しているような段階にまで至れば，多くの

検討事項が既に解決され，その上でより詳細な検討を計画的に行うことが可能となる。

　一方，ロジックモデルの検討の中で，最終目標，中間目標間等の間の因果関係や効果の大きさ等，既に関係が明確になっているものもある。しかし，より効果的・効率的な手段を導き出そうとすれば，疑問となる点も多く出てくるはずである。効果的な中間目標と事業の組合せや他の中間目標と事業との比較に留まらず，個々の中間目標や事業の水準においても，実施のタイミング，管理者の取組み姿勢や性格の問題等，事業の運用方法に関するところまで次第に関心が広がってくる。

　評価計画の策定で何よりも大切なのは，このような疑問に感じていることを整理し，評価によって何を知りたいのか，またその結果を何に用いるのかといった問題意識を明確にすることである。そして，その問題意識を問形式で整理しておけば，何のために評価を実施するのかについて，誰にでも分かりやすく説明することができる。ただし，評価には相当の時間とコストが必要となることを前提に考えなければならない。作成したロジックモデルについては，インプットからアウトプット，アウトプットからアウトカムというロジックが正しいかどうかを継続的に調査し，新しいデータを付け加えながら，ロジックが正しいかどうかを継続的に調整し，新しいデータを加えながらロジックモデルを改善していくこと，すなわち政策評価を実施していくことが必要である。

　以下にロジックモデルの評価，改善検討の考え方を示す（図9－4）。

（1）プロセス評価

　評価，改善サイクルの前提とし，清掃，点検，保守等の実施状況を確認し，計画通りの行動が行われたかどうかの監査を行う。

（2）アウトプット評価

　実施されたインプット（清掃，点検，保守等）の量と得られたアウトプットの関係を把握し，インプットに対して適切なアウトプットが得られているかどうか評価する。また，路線ごと，場所ごとのアウトプットを集計し，傾向を評価する。

9.2 ロジックモデルの構築

(3) インプット,アウトプットの削減可能性の評価

目標とするアウトカムが得られている場合は,インプット,アウトプットを削減する余地を検討する。また,路線ごとにアウトプットが大きく異なる場合は,インプットの調整を検討する。

(4) アウトカム評価

地域や区間ごとに苦情件数の調査や利用者側の満足度調査等を行い,目標とするアウトカム(成果,影響)が得られているかどうかを評価する。

(5) インプット,アウトプットの見直し

目標とするアウトカムが達成できていない場合,その原因を検討した上でインプット,アウトプットの見直しを行う。

(6) 経営管理上の評価

見直したインプットに必要とするコストと,それによって改善されるアウトカムの関係が経営管理上適切かどうか判断し,必要に応じて再度インプットの見直しを行う。

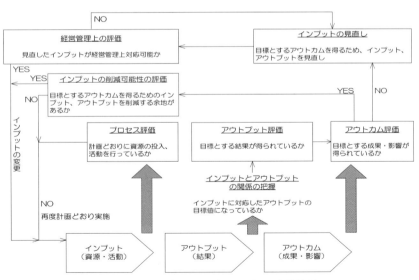

図9-4 ロジックモデルの評価,改善検討

9.3 リスク管理水準の設定

9.3.1 維持管理業務におけるリスクの考え方

本節では，阪神高速道路（株）の日常維持管理業務（路上点検，路下点検）において適用しているリスク管理水準の設定方法について述べる。業務リスクを「被害の起こる確率」と「起こった場合の被害の大きさ」の積として定義する。ここでは，維持管理におけるリスクとは，点検や補修，清掃等の維持管理を怠った場合に生ずる事故や大規模補修，苦情，管理上の問題等の発生として考えることができるとともに，現場状況（周辺立地状況，構造物の損傷，補修状況，重要度等）を考慮し，点検や清掃頻度を整理する必要がある。

維持管理業務におけるリスクマネジメントにおいては，リスク管理水準の適正化を図ることが課題となる。図9-5は，被害が起こる確率と被害の大きさに基づいて，現況における各管理項目のリスクの位置を例示したものである。図中の受容領域は，道路管理者が望ましいと考えるリスク管理水準を示している。リスク管理水準と比較して，現況のリスクが過大であると判断される（リスク削減領域にある）場合，リスク管理水準を引き上げてリスク削減を図るこ

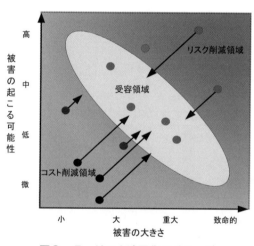

図9-5　リスク適正化のイメージ

とが必要である．逆に，リスクが十分に小さい管理項目に対しては，リスク管理水準を下げてコストを縮減することが可能となる．このことにより，管理施設全体の総リスクを下げつつコスト縮減を実現することができる．

さらに，路線ごとで交通量（影響の大きさ）も異なるため，リスクを路線ごとに算出し，その総和を路線網全体のリスクとすることとした．すなわち，路線網全体のリスクを，

$$R = \sum_{i=1}^{n} (P_i \times C_i) \tag{9.1}$$

と表す．ここで，Rは，ある管理項目に関するリスクを，P_iは路線区間 i ($i=1, 2, \cdots, n$) で，対象とする管理項目に不具合が発生する確率，C_iは路線区間 i において不具合が発生した場合の影響の大きさを表す[4)-6)]．

9.3.2 リスク管理水準設定の方法

リスク管理水準を設定するためには，明確な根拠が必要となる．いま，**図9-3**に示したロジックモデル（一部）における最終アウトカム「路上走行の安全性の確保」に着目しよう．この最終アウトカムを達成するためには，事故や管理上の問題の発生（中間アウトカム）を低減又はゼロにする必要がある．そのとき，不具合の発生（アウトプット）をどの程度低減させる必要があるのかをロジックモデルに基づいて関連付けることにより，リスク管理水準を設定することが重要となる．

ある管理項目に対する不具合の発生（アウトプット）と事故や管理上の問題の発生（中間アウトカム）の状況を路線ごと，又はさらに詳しく路線内の区間ごとに調査し，不具合の発生と事故，管理上の問題の発生の関係を分析する必要がある．しかし，「不具合が何件以上発生したときに事故や管理上の問題が発生する」といったように確定論的な分析結果が得られるとは限らない．そこで，過去に蓄積してきた統計データを用いて，例えば，ある管理項目に関して，1年間，問題が認められなかった路線を抽出し，それらのリスクの平均値をリスク管理水準と設定することにより，「今後管理上の問題を発生させない」と

いう目標に基づいた維持管理を行うことができると考えた。その際，対象とする管理項目に関するリスクの発生特性を考慮し，リスク管理水準を決定する必要がある。リスク管理水準の設定手順を図９－６に整理している。

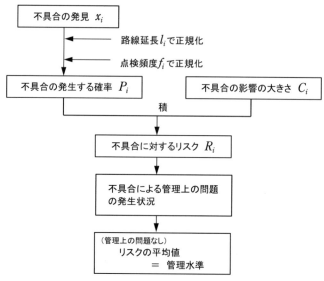

図９－６　リスク管理水準設定の流れ

9.3.3　リスク適正化の方法

ある管理項目のリスクマネジメントを実施する際，1）リスクを望ましい範囲内にコントロールする，2）維持管理業務に要する費用を低減する，という２つの目標を取り上げる。これらの目標は，互いにトレードオフの関係にあるが，それぞれ以下の制約条件のもとで目標の達成を目指すこととなる。

$$\left| R_{level} - R_i \right| \leq R_{margin} \tag{9.2}$$

$$\sum_{i=1}^{n} Cost'_i \leq \sum_{i=1}^{n} Cost_i \tag{9.3}$$

9.3 リスク管理水準の設定

$$\sum_{i=1}^{n} R'_i \leq \sum_{i=1}^{n} R_i \tag{9.4}$$

ここで，R_{level}は設定したリスク管理水準，R_iは路線i ($i=1, 2, \cdots, n$) のリスク値，R_{margin}はリスク管理水準のマージン，$Cost_i$は路線iの維持管理業務に発生するコスト，$Cost'_i$はリスク適正化後の路線iの維持管理業務に発生するコスト，R'_iはリスク適正化後の路線iのリスクである。なお，式 (9.2) はリスクがある一定の許容範囲に入ることを要求している。

管理上の問題の発生状況を基にリスク管理水準を定めようとした場合，「あるリスク管理水準R_{level}を保てば管理上の問題の発生を十分抑制したと考えることができる」というような明確な線引きは困難である。このため，あるリスク管理水準からばらつき等も考慮して安全側，危険側にマージンを設定し，これら上下のラインに挟まれる帯状の領域を道路管理者として目指すべきリスク管理水準の範囲と定義することとした。

図9-7において，(A) の領域にある路線は「過剰に管理されている」と考えることができ，コストの面から見ると現状のリスク管理水準を下げてもよい領域である。一方，(B) の領域にある路線は現状のリスクが高いため，リ

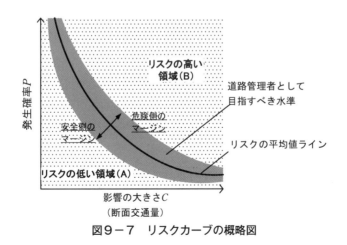

図9-7 リスクカーブの概略図

スク管理水準を上げる必要がある。もちろん，リスクとコストの間にはトレードオフの関係が成立する。リスクとコストの両者を下げるためには，路線ごとのインプットを見直す必要がある。

9.4 リスク適正化の事例

ロジックモデルを構成する政策評価モデル群（**図9-3**）の中で，日常点検によって発見される穴ぼこ（緊急を要する舗装の損傷）に関連する政策評価モデルに着目しよう。まず，ロジックモデルを用いて，穴ぼこに関するリスク管理水準を設定する。

ロジックモデルでは，穴ぼこ発生に関するリスクを制御するインプットとして日常的路上点検の頻度を採用している。現況の日常点検頻度は，路線や区間により異なるが，2005年度の実績は2～3（回/週）であった。2002，2004，2005年度に，日常点検で発見された穴ぼこ件数を**図9-8**に示している。この図に示すように，路線や区間により穴ぼこ発生件数は多様に異なっている。

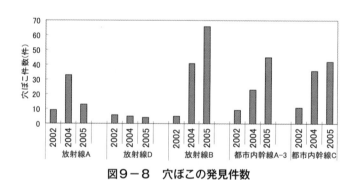

図9-8　穴ぼこの発見件数

そこで，穴ぼこ発生件数を路線延長，点検頻度で除した穴ぼこ滞留量（件/回/km）をアウトプット指標として採用している。**図9-9**に穴ぼこ滞留量，**図9-10**にリスク管理水準設定の流れを示す。路線や区間によって交通量が異なるため，穴ぼこによる影響（事故や管理上の問題）の大きさも異なる。

9.4 リスク適正化の事例

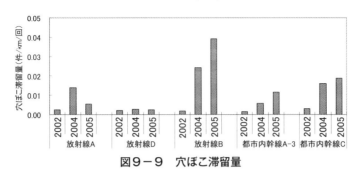

図9-9 穴ぼこ滞留量

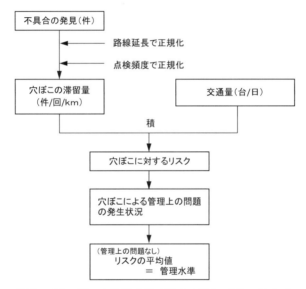

図9-10 リスク管理水準の設定の流れ（例：穴ぼこ）

そこで，穴ぼこ滞留量を発生確率，交通量を影響の大きさと考え，穴ぼこ滞留リスクを

$$R_{pi} = P_{pi} \times C_i \tag{9.5}$$

と定式化する．ここで，R_{pi} は路線 i $(i=1, 2, \cdots, n)$ の穴ぼこ滞留リスク値，

第9章　サービス水準の設定

P_{pi}は路線iの穴ぼこ滞留量，C_iは24時間平均断面交通量である。穴ぼこ滞留量は，日常点検により1年間に発見された穴ぼこ件数を路線延長及び点検頻度で正規化した値であり，

$$P_{pi} = x_i/l_i/f_i \tag{9.6}$$

で定義される。ここで，x_iは，路線iの年間穴ぼこ発見件数，l_iは路線延長，f_iは年間日常点検（路上）頻度である。

ここで，穴ぼこ滞留リスク値が一定となるような穴ぼこ滞留量と断面交通量の組合せが，図9−11に示すような双曲線で示されることに留意しよう。図9−11において，双曲線より右上の領域にある点は，双曲線で表されるリスク管理水準に対して，穴ぼこ滞留リスクが過大であることを意味する。すなわち，穴ぼこ滞留に関してある一定のリスク管理水準の範囲を設定することにより，路線や区間ごとに巡回を重点化し，穴ぼこ滞留リスクの平準化を図ることができる。

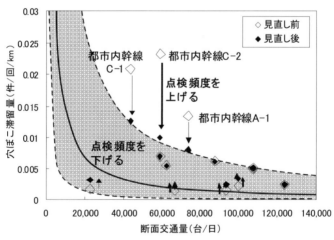

図9−11　リスクに基づく見直し

穴ぼこの管理上の問題に着目して，リスクの適正化を試みた。最終アウトカムとして，「今後も問題の発生をゼロにする」を設定し，道路管理者として目

9.4 リスク適正化の事例

指すべきリスク管理水準(中間アウトカム)を「これまで維持管理してきた路線の中で,2002, 2004, 2005年度という3か年にわたって管理上の問題件数がゼロであった32路線区間のリスクの平均値」と設定した。穴ぼこ滞留に関するリスク管理水準は,

$$R_{p,level} = \frac{\sum_{i=1}^{n} R_{p0i}}{n} \tag{9.7}$$

と設定した。ここで,R_{p0i}は管理上の問題件数がゼロであった路線の穴ぼこ滞留リスク値とする。リスクの高い路線については巡回頻度を上げて目標とするリスク管理水準に近づけることとした。一方,リスクの低い路線については,管理コスト縮減のために巡回頻度を下げることとした。以上の結果,**図9-11**に示すように,巡回頻度を合理化することにより,各路線の穴ぼこ滞留量をリスク管理水準の範囲内に収めることが可能となった。さらに,**図9-12**は,以上の方法を用いて,穴ぼこ滞留リスクの適正化を図ることにより,路線網全体における穴ぼこ滞留リスクと巡回コストがどのように変化するかを分析した結果を示している。このように,巡回の重点化を図ることにより,総リスクを減少させ,総コストを縮減することが可能であることが判明した。

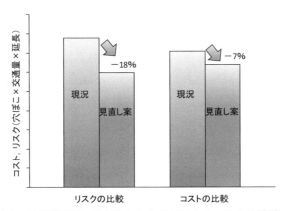

図9-12 日常巡回頻度の見直しによるリスクとコストの縮減(試算)

9.5 おわりに

本章では，道路施設における維持管理業務のロジックモデルを構築し，日常維持管理におけるリスク適正化を実施するためのリスク管理水準（サービス水準）を設定するための方法論を提案した．得られた知見を以下に示す．

1）道路施設における維持管理業務の効率的なマネジメントを行うため，維持管理業務を体系的，組織的に整理し，道路施設を対象とした維持管理ロジックモデル（ロジックモデル）を構築した．
2）ロジックモデルにおけるアウトカム指標，アウトプット指標を計量的に測定し，効率的，効果的な維持管理業務を実施するためのPDCAサイクルを実施するための方法論を開発した．
3）穴ぼこの発見といったアウトプットに基づき，リスク管理水準の設定方法について示した．
4）リスク管理水準を明確に線引きするのではなく，種々の不確定要因を考慮してマージンを設定し，その中にリスク管理水準を制御することの重要性を指摘した．
5）設定したリスク管理水準に近づけるために，インプット（例えば，点検頻度など）の見直しや重点化を図ることにより，リスクとコストの両者を縮減させることができることを示した．
6）日常点検におけるリスク管理水準の設定事例として，穴ぼこによる管理上の問題に着目し，リスク管理水準を設定する考え方を示した．

以上で考察してきたように，ロジックモデルを作成することにより，巡回・点検業務の重点化を試みるとともに，その結果を継続的に計測していくことで，PDCAサイクルの中でサービス水準の評価を実施していく必要がある．このようなPDCAサイクルを通じて，継続的に維持管理業務の効率性を改善することが可能となる．

本章では，ロジックモデルの作成と，中間アウトカム，アウトプット指標，インプット指標の因果関係に関して，プロトタイプモデルを作成したに留まっている．今後は，各指標値を継続的に計測することにより，ロジックモデルの

9.5 おわりに

改良と因果関係モデルを高度化していく努力が不可欠である．さらに，今後は維持管理分野においても性能規定型発注が増加していくことを視野に入れれば，リスク管理水準の適切な設定とその計測・モニタリング方法の確立が重要な課題になってくると考えられる．さらに，インフラ資産の資産価値を的確に評価することによって，道路施設のアセットマネジメントに関するアカウンタビリティの向上を図る必要がある．

参考文献

1）大住荘四郎：ニュー・パブリックマネジメント－理念・ビジョン・戦略，日本評論社，1999.
2）農林水産奨励会・農林水産政策情報センター：ロジックモデル策定ガイド，2003.8.
3）Australia NSW Government Asset Management Committee：Total Asset Management Manual, 1992.
4）坂井康人，上塚晴彦，小林潔司：ロジックモデル（HELM）に基づく高速道路維持管理業務のリスクマネジメント，第27回日本道路会議，2007.
5）坂井康人，上塚晴彦，小林潔司：ロジックモデル（HELM）に基づく高速道路維持管理業務のリスク適正化，建設マネジメント研究論文集，土木学会，Vol.14, pp.125-134, 2007.
6）坂井康人，慈道充，貝戸清之，小林潔司：都市高速道路のアセットマネジメント－リスク評価と財務分析－，建設マネジメント研究論文集，土木学会，Vol.16, pp.71-82, 2009.

第10章　PDCAサイクルと継続的改善

10.1　はじめに

　アセットマネジメントでは，組織は，関連する部門及び階層において，アセットマネジメントの目標を確立しなければならないとされている。このような部門ごと，階層ごとの目標のフレームワークが運用レベルまでブレークダウンされると，ヒエラルキー構造をもった多数のプロセスとそのアウトプットの業務評価指標値から構成される運用プロセスのフレームワークができる。このようなフレームワークは，第9章で述べたようなロジックモデルを用いて記述することができる。

　ISO55001では，アセットマネジメントを運用するためのプロセスに関する基準を設けることを要求している。プロセスに関する基準としては，アセットマネジメントに関わる組織の役割及び責任，マネジメントの手順，資源配分，人材開発などが考えられるが，業務評価指標値も重要な要素である。さらに，業務プロセスや業務評価指標に不備や問題点が発見されれば，それを改善していくためのPDCAのサイクルを構築することが要請される。また，プロセスの管理に当たっては，プロセスのパフォーマンスのモニタリングやその結果を始めとする文書化した情報の保持も重要となる。日常的なレベルまでブレークダウンされた各プロセスに責任者，手順，その他の基準等を割り当て，活動システム全体を可視化して管理する方法を業務プロセス管理という。

　完全なアセットマネジメントを実施することは不可能である。また，組織を取り巻く環境も不断に変化し，予測もしないリスク事象も発生するため，アセットマネジメントシステムに問題や不備が発生する。したがって，PDCAのアプローチを通じて検証を重ねることにより，フレームワークやプロセスの改善を図ることが期待される。第1章の**図1－1**に示したように，現場の予算執行マ

第10章　PDCAサイクルと継続的改善

ネジメントシステムは多階層のプロセスシステムとして表現される。組織におけるマネジメントは，予算執行マネジメントシステムを中心に機能する。**図１－１**に示したアセットマネジメントサイクルは，予算計画，執行，管理業務により構成されている。その基本は単年度予算の計画と，その執行過程にある。しかし，組織のパフォーマンスを継続的に維持・改善するためには，予算執行マネジメントシステム自体を継続的に改善することが必要となる。しかし，このようなマネジメントシステムの改善を，予算執行マネジメントシステムの日常的な運営の中で達成することは困難であると言わざるを得ない。第１章で言及したように，政策評価のマネジメントでは，**図１－２**で示したように予算執行マネジメントシステムのパフォーマンスをモニタリングし，予算執行マネジメントシステム自体を改善するようなマネジメントが必要となる。**図１－２**に示した，運用段階で収集されたモニタリング情報は適切に分析され，運用段階はもちろん，アセットマネジメントやアセットマネジメントシステムの改善のためにフィードバックされる。この場合，運用段階とアセットマネジメントシステムにおける上位のPDCAフレームワークとを関係付けるプロセスが重要となる。

　一般に，数十年という長期のライフタイムをもつインフラ資産のようなアセットでは，当該アセットの長期にわたるパフォーマンスを視野に，短期のマネジメント活動を決めなければならない。時間の経過とともに，組織やアセットを取り巻く状況が変化し，又は地震，風水害等の自然災害などによって，所期の目的が達成できなくなるリスクが発生するおそれがある。また，アセットのパフォーマンスを十分な頻度又は精度でモニタリングできなかったり，アセットのパフォーマンスを達成するための活動が明確でなかったりすることもある。そのような場合には，不適合の是正処置が容易に実施できない事態も考えられる。アセットによっては，間接的な指標を用いてパフォーマンスを推定したり，時系列データなどから将来のリスクの変化を予測したり，さらに，マネジメントの活動の効果を統計的に検証する技法なども開発されている。このような技法の開発は，アセットマネジメントにおいて，リスク及び機会に取り

組む行動が大きな比重を占めていることの表れといえる。

本章では,道路施設を対象に組織の内部統制とリスクマネジメントを考慮したアセットマネジメントについて報告する。そのために,内部統制の枠組みとリスクマネジメントの考え方に基づいて,維持管理ロジックモデル及び橋梁マネジメントシステム(BMS)を用いた戦略的な維持管理のための方法論を提案する。この結果に基づき,劣化の不確実性をリスクとして考え,劣化リスクと維持管理費の関係について検討を行うとともに,継続的な業務改善の1つとして相対評価に基づく重点課題の抽出について考察する。まず,**10.2**で内部統制とリスクマネジメントについて整理し,その上で,**10.3**では内部統制を考慮した業務プロセスについて検討するとともに,BMSを活用した重点課題の整理,リスク評価と財務分析について述べる。

10.2 アセットマネジメントと内部統制

10.2.1 内部統制論

今日,組織の違法行為がそのまま組織の破綻につながる事例が増えている。その結果,組織が,自らの組織価値を高めるために,利益を追求するだけでなく社会的な責任を果たすことが求められるようになった。組織の社会的責任を遂行し,組織価値を向上させるためには,内部統制のためのプロセスが要請される。内部統制とは,組織がその業務を適正かつ効率的に遂行するために,組織内に構築され,運用される体制及びプロセスである。内部統制は,市場経済社会において,組織法制が形成するシステム全体が成立するための前提であるが,同時に組織が事業目的の達成に係るリスクを低減させ,持続的に発展していくためにも不可欠である。

内部統制は,組織が事業を行う上で欠かすことのできないものであり,各組織の中で個別に発展してきた。しかし,1990年代に,米国において不正な財務報告に関する事件等が発生したことを契機として,「内部統制の包括的フレームワーク」,いわゆるCOSOレポートが公表され[1],2002年7月には米国版

SOX法が制定された。その内容は、財務報告の信頼性のみならず、コンプライアンスや業務の効率性をも包含するものとなっており、今日における内部統制のあり方に関して、世界のデファクトスタンダードとみなされている。

一方、我が国においても2000年代に入って巨額の粉飾決算事件が続発した。この原因は不正や誤りを防止するための仕組みが不十分であったためであるとの認識から、金融商品取引法が改正された。2007年9月に日本版SOX法が施行され、経営者が内部統制の整備状況や有効性を評価した内部統制報告書を作成し、公認会計士等がそれを監視する二重責任の原則に基づいた仕組みが整備された。内部統制の考え方は、組織の不祥事を契機として検討され策定されたものであるが、現在では、むしろ、組織が業務執行に係る考え方やプロセスを明確化、効率化することにより、ステークホルダー等への責務を果たしつつ、組織価値を維持、増大するために必要なシステムとして評価されている。

10.2.2 リスクマネジメントと内部統制構築の必要性

内部統制は、リスクマネジメントを適切に行うために不可欠である。一方で、内部統制が有効であるためには、それがリスクマネジメントによる総合的なリスクの評価等を踏まえて、構築、運用される必要がある。適切なリスクマネジメント及び内部統制は、経営者が各ステークホルダーに対する責務等を果たしつつ、組織価値を維持、向上するために不可欠なものである。この意味で、適切なリスクマネジメント及び内部統制を構築することは、経営者が経営者たるための前提であるということができる。強固なリスクマネジメント及び内部統制が構築されていることにより、経営者は、より適正で大胆な経営判断を行うことが可能となる。また、リスクマネジメント及び内部統制は、それぞれが異なる背景を持ち、違った経路を経て発展してきたが、組織を取り巻く様々なリスクに対応し、組織価値を維持、向上させるという観点からは、共通の目的を有している。図10−1は、組織における内部統制の概念図を示している。組織は階層構造を有するが、この図では組織構造を「経営者層」、「管理者層」、「担当者層」の3段階の階層システムとして記述している。

10.2 アセットマネジメントと内部統制

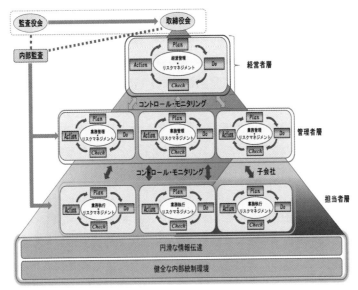

図10-1 内部統制の階層性[2]

　内部統制が適切に機能するためには，経営管理プロセスに，内部統制の基盤である「健全な内部統制環境」及び「円滑な情報伝達」が存在していることが必要である。また，内部統制環境とは，組織がその目的を達成するために，組織活動を適正かつ効率的に運営するための価値観，組織，規則等であり，組織構成員の様々な行為の基礎となる。組織構成員の事業活動，それらに関連する指揮監督は，この環境下で行われる。そのため，内部統制環境は，事業目標等の策定，経営組織の組成やリスクマネジメント等，広範な範囲に影響を及ぼすとともに，内部統制のその他の構成要素である円滑な情報伝達，コントロールやモニタリングの実行にも影響を及ぼす[3]。

　組織は，組織構成員等によって構成される集合体であり，組織構成員が必要な情報を識別，収集，処理し，かつ関係する組織構成員に伝達することによって，初めて組織目的を達成するための業務執行を行うことができる。したがって，組織が事業活動を適正かつ効率的に遂行するためには，情報の識別，収集，処理及び伝達が円滑に行われることが不可欠である。ここでいう情報には，組

織内で作成された情報だけでなく,組織外から得られる業界,経済や規制等に関する情報も含まれる。伝達は,通常,確立された指示命令経路及び報告経路によって行われるが,文書によるもののほか,会議,打合せ等の口頭による情報交換等も含まれる。例えば,業務執行を行う上で,円滑な情報伝達は,経営者の指示,又は権限委譲に基づき,管理者が計画を立て,その実施を担当者に指示し,管理者は担当者から受けた報告を評価し,経営者に報告するという,階層間をまたいだ大きなマネジメントサイクルと,上位の階層からの指示に基づき,各階層内において行われる小さなマネジメントサイクルの組合せにより行われる。

　また,円滑な情報伝達のためには,コンピュータシステムやインターネット,イントラネット等のネットワークも重要である。組織規模が大きくなり,業務処理量が多くなればなるほど,コンピュータシステムによる業務データ処理の必要性が高まる。さらに,ネットワークの活用により,電子メール等による組織内外の情報伝達も,内部統制上の重要な位置付けを持つようになってきている。今日の組織では,その規模にかかわらず,多かれ少なかれその業務処理がコンピュータシステムやネットワークに依存していることから,情報処理及び伝達のためのコンピュータシステムは,内部統制環境,コントロール・モニタリング等にも重要な影響を及ぼす。

10.2.3 マネジメントサイクルと継続的改善

　行政マネジメント,いわゆる欧米における"New Public Management (NPM)"理論[4),5)]は,公的部門の効率化や質的向上を図ることを意図し,1980年代の半ば以降,英国,ニュージーランド等のアングロサクソン系諸国を中心に行政実務の現場を通じて形成された行政経営手法である。その背景として,経済の停滞,少子高齢化に伴う財政悪化,公的負債増加や公共部門のサービス効率低下等の問題が顕在化してきたことが挙げられる。その核心は,民間組織における経営理念や手法,さらには成功事例等を可能な限り行政現場に導入することを通じて行政部門の効率化,活性化を図ることにある。

10.2 アセットマネジメントと内部統制

　NPMの根本的な目的は，公的サービスの価値の向上にある。具体的には経営資源の使用に関する裁量を拡大する代わりとして，業績，成果による統制やインセンティブや動機付けのメカニズムの導入により組織ガバナンスの向上や公的サービスの価値の向上を目指す点にある。そのための制度的な仕組みとして，公的部門の民営化や民間委託，エージェンシー，内部市場等の契約型システムの導入を図る等，市場メカニズムを可能な限り活用するとともに，住民をサービスの顧客と考えることにより統制の基準を顧客主義へ転換し，さらに，組織の階層構造を簡素化することにより，統制しやすい組織に変更することが重要である。

　NPMの目標を達成する手法の第一は「権限委譲」と「業績測定」である。従来の行政組織では規則による統制が行われている。しかし，これでは業績に対する責任の所在が不明確であり，情報は現場にあるため，現場以外の者には真に適切な評価ができない。さらに，執行部門により活動や情報が隠されるリスクへの対処も困難である。そこで，行政組織の中で企画，立案部門と執行部門を分離し，執行部門に権限を委譲し，その代わりに現場から加工しない客観的なデータを提出してもらい業績に対する責任を持たせることが考えられる。その際，マネジメントサイクルを実現することが極めて重要とされる。従来の行政システムでは，Plan-Do-Check-Actionのうち，「Plan（計画）」と「Do（実施）」のみの業務の流れであり，評価の結果が次の「Plan」に直接には反映されていない。そのため，事後評価等の結果を次の「Plan」にフィードバックするマネジメントサイクルを構築する必要がある。

　以下では，NPM理論に基づいて道路施設における維持管理業務の効率化に関して考察した事例を紹介しよう。第1章でも述べたように，道路の維持管理における経営マネジメントシステムには，予算執行のマネジメントと政策評価のマネジメントの2つのマネジメントサイクルが存在する。この2つを内部統制の観点からもリンクさせることが非常に重要である。第1章で示した図1－1を図10－2として再掲する。

　第一に，予算執行のマネジメントサイクルは，構想レベル，戦略レベル，実

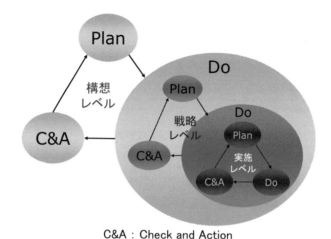

C&A : Check and Action
図10−2　予算執行のマネジメントサイクル

施レベル（維持修繕レベル）の3階層の構造から成り，階層的なマネジメントサイクルに基づきPDCAを実践していく。民間組織がインフラ資産を管理している場合，一番外側のレベルを経営レベルと読み替えてもよい。マネジメントサイクルのうち，一番内側の実施レベルのPDCAは，例えば，単年度の補修計画，補修工事の実践であり，1年のサイクルで非常に早く回っている。年間予算のもとで，どこを補修すべきか決定し，実際に補修工事を実行するシステムである。その外側は，戦略レベルであり，現場で獲得した新しい点検データに基づいて，今後5年間程度の予算確保に関する検討を行い，中期的な補修計画を策定・更新していく。さらにその外側の構想レベルでは，長期的に予防保全等の補修戦略を策定し，構造物の機能水準を維持するとともに，適正なサービス水準を決定する。それにより，ステークホルダーへの説明責任を果たしていく，という仕組みになっている。

　インフラ資産のアセットマネジメントは，現場における効率的な維持，修繕，補修計画の策定と実践，そのために必要な修繕予算の確保のみならず，様々なステークホルダーに対してアセットマネジメントの重要性をどのように認識してもらうかといったことも含めた非常に幅広い分野をカバーするものである。

10.2 アセットマネジメントと内部統制

言い換えれば，インフラ資産のアセットマネジメントは単に現場だけのサイクルではなく，インフラ資産の管理・運営を主にしている組織全体のマネジメントと連動している。

第二に，政策評価のマネジメントサイクルを図10－3に示す。予算執行のマネジメントサイクルでいうと，「長期計画」は外側の「経営（構想）レベル」のサイクルになる。「中期計画」が「戦略レベル」，「短期計画」が「維持修繕（実施）レベル」に該当する。図10－3の「政策ロジックモデル」は，現場のマネジメントを稼働させるためのツール又はマニュアル等をシステム的に整理したものである。言い換えれば，組織が保有している技術そのものの集大成であるといえよう。政策評価のマネジメントにより，ロジックモデル自体を更新することが求められる。例えば，新しい工法等が利用可能となれば，ロジックモデルの中に新しい技術を利用可能なツールとして追加する。このように，ロジックモデルを逐次更新していくことにより，組織のPDCAが機能することになる。

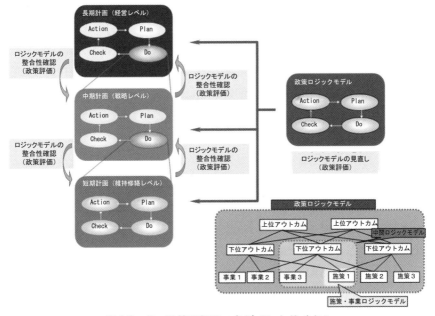

図10－3　政策評価のマネジメントサイクル

第1章において，日本の企業風土ではPDCAがあまり機能しないことを指摘したが，組織のマネジメントシステムが多くの暗黙知で構成されているため，PDCAを通じてマネジメントシステムを改善することが困難であることが少なくない。マネジメントシステムを支援するツール体系が，政策ロジックモデルとして「見える化」されていれば，PDCAによりマネジメントシステムを明示的に改善することが可能となる。NPM理論における政策評価とは，政策ロジックモデルを評価することであり，必要であればロジックモデルそのものを更新していくことになる。

10.3　内部統制を考慮した業務プロセス

10.3.1　業務プロセスの前提条件

10.2で示したリスクマネジメントと内部統制論を踏まえ，「経営者層」，「管理者層」，「担当者層」という3つの階層に着目し，1）組織の階層構造，2）各階層間のコントロール・モニタリング，3）マネジメントサイクルによる業務改善の3つの視点から業務プロセスの内部統制について検討してみよう。

阪神高速道路（株）の維持管理業務プロセスを，業務を統括する役員層，維持管理計画を立案し，かつ，予算配分を実施する本社部門，現場の維持管理を担当する出先部門という3階層システムとして記述してみよう。さらに，この3つの階層構造を上から経営レベル，戦略レベル，維持修繕レベルと呼ぶこととする。経営レベルでは戦略レベルから提示される情報から，事業を継続するための方針や戦略を決定する。戦略レベルでは維持修繕レベルにおける維持管理の実施状況をモニタリングし，経営レベルが経営方針を決定するために必要な情報や，維持修繕レベルが維持管理を実行するための予算と情報を提供する。維持修繕レベルでは，戦略レベルから提供される方針，情報，予算に基づいて，点検や補修の具体的な実施方法を決定し，維持管理を実行する。このような道路施設の維持管理業務のモニタリングやコントロールは戦略レベルを中心に行われる。事業を継続的に改善させるためには，計画し実行するだけでな

10.3 内部統制を考慮した業務プロセス

く，実行した結果をチェックし，改善策を講じ，次の計画につなげるPDCAによるマネジメントサイクルを形成する必要がある。

　継続的に業務を改善するためには，全社的な取組み課題を抽出し，重点課題として取り組むことが考えられる。実際に，阪神高速道路（株）では，例えば，鋼橋に対する疲労の問題が顕在化し，組織全体に関わる重要課題として認識され，その後経営レベルのイニシアティブにより，それに対する技術的取組みが実施された。

　さらに，維持管理業務においては，戦略レベルで中長期的な維持管理方針を策定し，維持修繕レベルでは戦略レベルで策定した維持管理方針に従って，維持管理を実施する。つまり，2つのマネジメントの階層が存在し，上位の階層として戦略レベルと経営レベル間の業務プロセスを経営マネジメント，下位の階層として戦略レベルと維持修繕レベル間の業務プロセスを実施マネジメントと呼ぶことにする。経営マネジメントと実施マネジメントの内容は**10.3.2**において後述する。

　また，阪神高速道路（株）では，経営レベルと戦略レベルに関しては5年程度の中長期，維持修繕レベルに関しては1年程度の短期周期で維持管理の情報をモニタリングし，互いにコントロールする。このような業務プロセスを構築し，各レベルの役割と維持管理業務の流れを明確にすることによって，維持管理業務の適正化を目指すとともに業務プロセスを改善するためには，組織の階層性だけでなく，マネジメントの階層性も同時に考慮したアセットマネジメントシステムを構築する必要がある。

10.3.2　ロジックモデルに基づく戦略的維持管理

　第9章で，既に阪神高速道路（株）が作成したロジックモデルを紹介した。**図10－4**は維持管理業務のロジックモデルの中から，本体構造物と舗装の管理に関連したロジックモデルを示している[6)-8)]。本体構造物については定期点検や補修で得られる最新の健全度データを基に，式（10.1），（10.2）で示す「構造物保全率」，「舗装保全率」がアウトプット指標として定義され，中間アウト

第10章 PDCAサイクルと継続的改善

カム指標として式（10.3）で示す「サービス水準達成率」が算出される。

$$\text{構造物保全率（\%）} = \left(1 - \frac{\text{A, S損傷がある径間（脚）数}}{\text{全径間（脚）数}}\right) \times 100 \tag{10.1}$$

$$\text{舗装保全率（\%）} = \frac{\text{MCI} \geq 4.0 \text{の延長（km）}}{\text{管理延長（km）}} \times 100 \tag{10.2}$$

$$\text{サービス水準達成率（\%）} = \frac{\text{アウトプット指標（実績）}}{\text{アウトプット指標（目標）}} \times 100 \tag{10.3}$$

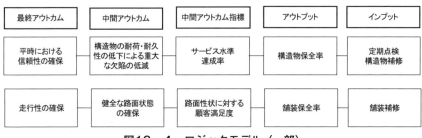

図10−4 ロジックモデル（一部）

ここで，式（10.1）におけるA, S損傷とは，速やかに補修を行う必要のある損傷を意味する。式（10.2）におけるMCI値は旧建設省が提案した道路舗装のサービス水準を示す指標であり，舗装のひび割れ率，わだち掘れ率，わだち掘れ量，平坦性から算出される[9]。

表10−1は業務プロセスにおけるロジックモデルの評価指標を示したものである。業務の管理階層に応じて，ロジックモデルの評価指標の割り当ても異なる。また，**図10−5**に経営レベル，戦略レベル，維持修繕レベルの階層構造に着目し，内部統制を考慮した業務プロセスを示す。

10.3 内部統制を考慮した業務プロセス

表10−1 各階層におけるロジックモデルの評価指標

管理階層	ロジックモデルの評価指標
経営レベル	最終アウトカム
戦略レベル	中間アウトカム
維持修繕レベル	アウトプット

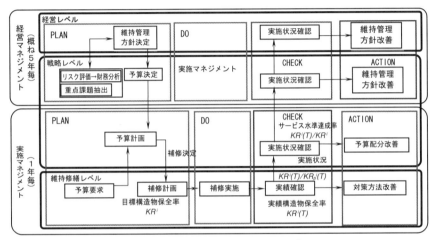

図10−5 内部統制を考慮した業務プロセス

　経営レベルは役員が構成員であり，維持管理業務の全体を把握する必要があるため，最終アウトカムを評価指標として業務を進めていくとともに，維持管理業務における管理方針の意思決定を行う。経営レベルでは，戦略レベルから報告された維持管理計画や評価指標，及びマネジメントの過程で発見された重点課題に対して，承認を得る等の意思決定を行う。また，戦略レベルでは維持管理業務の中長期計画の策定，重点課題の抽出，及び毎年の維持管理予算額の策定が行われる。阪神高速道路（株）が開発したアセットマネジメント情報システム（H-BMS：Hanshin Expressway Bridge Management System）は，主にこのレベルで活用される。維持修繕レベルでは経営レベルで決定された維持管理方針と毎年の配分予算の中で，維持管理を実施するとともに，個々の評価指

標が管理水準を満足しているかに着目し，具体的な対策等を実施する．経営レベルから戦略レベル，維持修繕レベルと下位にいくほどより具体的に，詳細に指標を評価する必要がある．

10.3.3　経営マネジメントとPDCAサイクル

　阪神高速道路（株）では，H-BMSを用いて点検データを分析し，戦略レベルを対象として早期劣化箇所の原因追及と対策検討を行い，全社的に取り組むべき重点施策を決定している．この目的とリスクのバランスを適切に管理するために，戦略レベルにおいてリスク評価，及び財務評価による管理水準と維持管理費用の決定をするとともに，リスクマネジメントの視点から，長期的に，道路施設のサービス水準を維持するための維持管理方法とその達成確率について評価し，リスク評価，財務評価に基づき，最適な管理方法を決定する．特に維持管理費用に対して，構造物の劣化リスクがどの程度存在しているかを，定量的に評価し，経営方針を策定する必要がある．阪神高速道路（株）は，独立行政法人日本高速道路保有・債務返済機構との協定によって毎年度の投資額が定められていることから，協定の締結で定められた維持管理費用に対して構造物の劣化リスクがどの程度存在しているかを，定量的に把握し，経営方針を策定する必要がある．協定の見直し間隔にあったマネジメントサイクルを構築することが必要である．さらに，継続的な改善を図るために，経営マネジメントにおいて政策評価を定期的に実施する業務プロセスを構築している．

　インフラ資産全体の劣化傾向を，例えば舗装保全率，構造物保全率といった業務評価指標を用いてモニタリングし，改善が必要な場合はサービス水準や管理方法を見直すことにより，アセットマネジメントの継続的改善を実施している．ここでは，経営マネジメントにおける業務の流れとロジックモデルにおける指標との関係を理解するために，**図10－6**に示すような業務プロセスを取り上げ，具体的な業務評価指標を用いて1つの思考実験を試みよう．思考実験を行うに当たって2種類の業務評価指標を提案する．

　まず，工種iの年次Tにおけるサービス水準達成率$SR^i(T)$を，

$$SR^i(T) = KR^i(T)/KR^i \tag{10.4}$$

と定式化する．ここで，$KR^i(T)$ は工種 i の年次 T における実績構造物保全率，また，KR^i は工種 i の維持すべき目標構造物保全率である．一方，計画に対する実施状況を次式のように表現する．

$$KR^i(T)/KRp^i(T) \tag{10.5}$$

ここで，$KRp^i(T)$ は工種 i の年次 T における計画構造物保全率である．全て順調に補修をすることができれば，実施状況は100%となる．

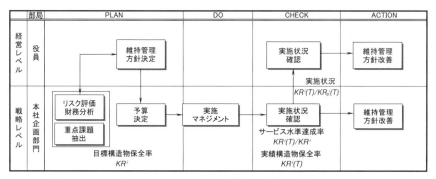

図10-6　ロジックモデルによる維持管理業務（経営マネジメント）

（1）計画段階（Plan）

戦略レベルでは，ある年次 T において，本社部門は前年度までで得られた直近の目視点検データに基づき，最新の実績構造物保全率 $KR^i(T)$ を出先部門から得る．そして，リスク評価を行うために，H-BMSを用いて劣化予測を行い，部材ごとに状態推移確率行列を算出する．維持管理方針で維持すべき目標構造物保全率 KR^i を達成できるように，リスク評価と財務分析を行う．複数の維持管理シナリオのリスク評価，財務分析結果を経営レベルに報告する．これと並行して，相対評価によって抽出した早期劣化グループに対して，点検履歴や写真等を参考にしながら，真に早期劣化となっている箇所と原因，対策について検討を行うとともに，この結果を経営レベルに報告する．経営レベルでの方針決定を受けて，次期の維持管理予算を決定し，実施マネジメントへ移行する．

一方，経営レベルでは戦略レベルから提供された維持管理計画の複数のシナリオを吟味し，最適と考えられるシナリオを次期の維持管理方針として採用し，決定する。

(2) 実施段階（Do）

経営レベルでは，具体的な取組み事項はないと考えられるが，戦略レベルでは，維持修繕レベルの取組みとして毎年の予算配分を決定する。

(3) 評価段階（Check）

戦略レベルでは，出先部門ごとに実績構造物保全率$KR^i(T)$と目標構造物保全率KR^iからサービス水準達成率$SR^i(T)$を算出するとともに，経営レベルでは，算出されたデータに基づき，維持管理の実施状況を確認する。

(4) 検証段階（Action）

戦略レベルでは，サービス水準達成率$SR^i(T)$の達成状況や，構造物保全率（式（10.1）参照）の指標から，次期の改善点を抽出するとともに，経営レベルでは，計画構造物保全率に対する実施状況を確認し，次期維持管理方針を策定する上での改善点を抽出する。

10.3.4 実施マネジメント

実施マネジメントでは，毎年の予算枠と確保すべき管理水準が与条件として与えられ，この中で，より効果的な補修計画が策定されることとなる。補修箇所の選定に当たっては，直近の損傷データを地図表示した損傷データマップを参考として検討された補修予定箇所から概算費用を算出して予算案を作成する。戦略レベルでは，維持修繕レベルからの要求と経営レベルからの決定を踏まえて，予算の調整と決定を行う。毎年与えられた予算の中で補修計画が立てられることから，1年ごとのマネジメントサイクルとなる。また，補修対応状況を指標化した実績構造物保全率を評価指標とし，補修後の状況を点検データマップにより視覚化することで維持修繕レベルにおいて積極的に補修するためのインセンティブを付与することにより，対策実績を評価する業務プロセスを導入する。

10.3 内部統制を考慮した業務プロセス

図10-7には実施マネジメントにおけるロジックモデルを考慮した業務プロセスの試行例を示す。維持管理方針は上位の経営マネジメントで決定されており，毎年の維持管理予算と確保すべき管理水準は所与と仮定する。

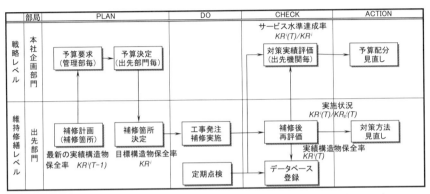

図10-7　ロジックモデルによる維持管理業務（実施マネジメント）

（1）計画段階（Plan）

維持修繕レベルでは，ある年次Tのある工種iにおいて，維持修繕レベルである出先部門は前年度までで得られた直近の点検データに基づき，最新の実績構造物保全率$KR^i(T-1)$を算出する。維持管理方針で維持すべき目標構造物保全率KR^iを達成できるように，補修計画を策定し，戦略レベルである本社部門に予算要求を行う。その後本社部門からの配分予算に従って，補修計画を策定する。改めて，計画構造物保全率$KRp^i(T)$を算出する。

一方，戦略レベルでは，維持管理方針に従い，管理部ごとの予算配分を決める。その際，出先部門からの予算要求を参考にする。管理部ごとの予算配分案が決められると，予想されるサービス水準達成率は式（10.4）により求められる。

（2）実施段階（Do）

維持修繕レベルでは，出先部門において工事発注を行い，補修工事を実施する。また，戦略レベルでは，出先部門の予算の執行状況を把握しておく。

（3）評価段階（Check）

維持修繕レベルでは，補修工事が完了するため，工事完了後の実績構造物保全率 $KR^i(T)$ を算出するとともに，補修の実施状況を参考にして，実施状況の整理を行う。また，戦略レベルでは，出先部門ごとに実績構造物保全率 $KR^i(T)$ と目標構造物保全率 KR^i からサービス水準達成率 $SR^i(T)$ を算出する。同時に実施状況 $KR^i(T)/KRp^i(T)$ が算出される。

（4）検証段階（Action）

維持修繕レベルでは，補修計画に対する実施状況が100％に満たない場合には，達成できなかった原因を追求し，改善策を講じるとともに，戦略レベルでは，出先部門ごとのサービス水準達成率 $KR^i(T)/KR^i$ を踏まえて，次年度以降の予算配分方法について改善を行い，全体として維持すべき目標構造物保全率 KR^i が達成できるよう調整を行う[10),11)]。

10.4 おわりに

本章では，道路施設の維持管理におけるマネジメント手法として，維持管理ロジックモデルを構築し，政策評価の方法論について提案した。さらに，橋梁マネジメントシステムのアプリケーションソフトウェアを用いた予算執行におけるマネジメント手法を紹介した。予算執行におけるマネジメントについては，リスク評価に基づく財務分析について検討を行った。また，これら検討に際しては，内部統制の枠組みを考慮した業務プロセスを整理し，BMSが業務プロセスの中でどのように位置付けられ，どのような役割を果たすべきかを検討した。そして，リスク評価に基づく財務分析手法を提案した。

今後，維持管理ロジックモデル，橋梁マネジメントシステムを用いたPDCAサイクルの実践と継続的改善を図るためにいくつかの課題が残されている。

第1に，マネジメントサイクルを重ね，顧客満足度調査を行うことにより各指標値の評価，検証を行い必要に応じて見直しする。また，指標値を設けたもののデータ蓄積に時間がかかるものも多いことから蓄積手法についてさらに検

討する必要がある．ロジックモデルは組織のリスクマネジメントを体系化したものであり，現在の技術でできることとできないことを明確にするための有効な手段となる．さらに，アウトプットやアウトカム指標は現場にインセンティブを与えるものでなければならず，ロジックモデルはこのような業務評価指標の見直し等の政策評価の役割も果たす．

第2に，構築したロジックモデルを情報システム化することにより，アセットマネジメント情報システムと併せて，維持管理業務の情報を組織全体で共有し，内部統制の枠組みを踏まえたリスクマネジメントの仕組みを構築する必要がある．

第3に，PDCAサイクルの実践と継続的改善を重ねることにより点検データを蓄積していくことが可能になるが，目視点検によって観測された実績データには不確実な点検誤差を含んでいる．最近では各種センサーを用いたモニタリング技術や定量的診断に関する研究が進んでおり，これらのモニタリング技術による連続データを用いて目視点検データを補完することにより，次世代のアセットマジメントの開発が期待される．

最後に，アセットマネジメントは，その研究や実施での適用が普及しているものの，その効果が明らかになるまでには若干の時間を要するだろう．本章で提案した政策評価の有用性を高め道路施設における維持管理の実務に適用し，継続的改善を図っていくことが必要である．

参考文献

1) 鳥羽至英，八田進二，高田敏文：内部統制の統合的枠組み－理論篇－，白桃書房，1996．
2) 経済産業省　リスク管理・内部統制に関する研究会：リスク新時代の内部統制～リスクマネジメントと一体となって機能する内部統制の指針～，2003．
3) 吉川吉衛：企業リスクマネジメント，中央経済社，2007．

4）大住荘四郎：ニュー・パブリックマネジメント－理念・ビジョン・戦略，日本評論社，1999．

5）大住荘四郎：パブリックマネジメント－戦略行政への理論と実践，日本評論社，2002．

6）坂井康人，上塚晴彦，小林潔司：ロジックモデル（HELM）に基づく高速道路維持管理業務のリスクマネジメント，第27回日本道路会議論文集，2007．

7）坂井康人，上塚晴彦，小林潔司：ロジックモデル（HELM）に基づく高速道路維持管理業務のリスク適正化，建設マネジメント研究論文集，土木学会，Vol.14，pp.125-134，2007．

8）阪神高速道路株式会社：道路構造物の点検要領　共通編，土木構造物編，2005．

9）建設省道路局国道第一課：舗装の管理水準と維持修繕工法に関する総合的研究，第41回建設省技術研究会報告，1987．

10）坂井康人，慈道充，貝戸清之，小林潔司：都市高速道路のアセットマネジメント－リスク評価と財務分析－，建設マネジメント研究論文集，土木学会，Vol.16，pp.71-82，2009．

11）小濱健吾，岡田貢一，貝戸清之，小林潔司：劣化ハザード率評価とベンチマーキング，土木学会論文集A，Vol.64，No.4，pp.857-874，2008．

第11章 適切な投資計画と資金戦略

11.1 アセットマネジメントと投資計画

11.1.1 投資計画の役割

　アセットマネジメントシステムのマネジメントプロセスでは，対象とする資産の認識，点検データを基にした劣化予測，必要とされる資産のサービス水準の設定，サービス水準を維持するための将来の維持補修や更新，機能強化策の提案，必要な諸活動を実現するためのライフサイクル費用予測，などのステップを経て，最適な投資計画と資金調達案の策定へとつながる。適切な計画案を円滑に実施していくためには，必要な資金をタイムリーに確保することが計画を遂行する際に大きな課題となる[1),2)]。ISO55000シリーズのガイドラインの中でも，アセットマネジメントにおける工学的データと財務・会計データとの関連性の確保は，持続可能でかつ効果的な資産管理を実現する上で重要な項目として指摘され，適切な投資計画と資金確保方策，並びに実行時のモニタリングの各側面から，計画・管理の体系が整備されている。

　アセットマネジメントは，計画的な維持修繕や更新投資とこれを実現するための適切な資金の確保により，将来に渡って対象とする施設・財政の両面でその健全性が維持され，持続可能な事業運営を確保するための，中長期的な視点を持った資産管理の実践的活動である。その業務のコアとなる概念は，ライフサイクル費用の最適化を図りつつ，目的とする資産サービスを永続するという戦略的な活動計画の策定と持続的な管理にあるといえる。インフラ資産の維持管理作業や更新工事は，日常の点検補修作業などに必要な運転予算とともに，長期的な観点からのインフラ資産の機能強化や更新という投資活動を支える予算を必要とする。インフラ資産のライフサイクル全般を対象とする維持更新計画では，超長期に渡る予算計画とその管理が求められるが，通常，組織の活動

第11章　適切な投資計画と資金戦略

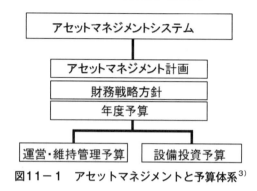

図11-1　アセットマネジメントと予算体系[3]

は年度単位でコントロールされるため，具体的な予算策定に当たっては，年間予算の枠組みの中で，運転予算と投資予算をローリングしていく柔軟な活動計画を作り上げることになる（図11-1）。

　インフラ資産の運営・維持補修活動は，計画の達成成果を単年度ごとにモニタリングし，計画変更を柔軟に行うことが相対的に容易である一方，インフラ資産の機能強化や更新などの投資計画の策定は，計画・工事期間が複数年度に渡ることや，巨額な資金投下が求められることから，計画案の策定のみならず，必要資金の確保の観点からも，あらかじめ十分な検討とその評価を行う必要がある。財政当局や利用者・資金提供者など広く利害関係者に対し，提案する計画の必要性や実効可能性が十分に担保されていることを説明するためにも，当該組織のアセットマネジメントシステムが適切に機能し，効率的・効果的な資産マネジメントが達成可能である，という説明義務を果たすことが求められている。

　投資計画に関するアセットマネジメントの具体的効果は以下のようにまとめられる。

（1）更新需要の体系的把握

　既存インフラ資産に関する基礎データの整備や技術的な知見に基づく点検・診断等により，現有インフラ資産の健全性等を適切に評価することで，将来におけるインフラ資産全体の更新需要の規模・ピーク時期を把握することができ

る。さらに，更新計画は単独で予測・評価するだけでなく，インフラ資産の重要度・優先度を踏まえつつ，定期的な診断・補修等による更新時期の最適化の検討を加えることにより，更新投資の平準化のための情報作成が可能となる。
（2）更新財源確保への情報提供

将来に渡る更新需要を予測することより，中長期的な視点を持って，財政収支モデル等への入力情報を作成できることになる。政策決定者は，他の財政需要との関連を踏まえながら見通しを立てることにより，将来の必要な更新需要に対応した資金確保策を具体化させ，財源の裏付けを有する計画的な更新投資を行うことができる。
（3）リスクの軽減とライフサイクル費用の縮減

計画的な更新投資により，予防保全的な観点からインフラ資産の健全性の維持が図られ，事故・災害に関するリスクの増大を抑制し，老朽化に伴う突発的な事故の被害が軽減されるとともに，維持管理費も含めたインフラ資産全体のライフサイクル費用の縮減につながる。
（4）利害関係者への情報提供

事業の必要性・重要性を，投資タイミングや数量，インフラ資産の健全度や更新への取組みの実態，更新財源額などと合わせて，利害関係者等に対して具体的かつ視覚的な形で示すことにより，説明責任を果たすことができる。この結果，インフラ資産管理事業への理解が深まり，信頼性の高い事業運営が達成できる。

このような役割を有する投資計画は，インフラ資産に関する上位計画や財政総合計画に基づき，個別のインフラ資産の維持管理や更新に関わる活動を支援する財務モデル（ミクロ・プロジェクトレベル）とともに，当該組織が保有するインフラ資産全体の適切なアセットマネジメント活動を支えるための財政基盤を予測・評価するための財政モデル（マクロ・ネットワークレベル）の2種類の財務モデルで構成される。加えて，財務モデルの構築に必要となるインフラ資産の状態や利用可能な技術情報，さらには財務状況に関するデータベースの整備が必要となる（**図11-2**）。

第11章　適切な投資計画と資金戦略

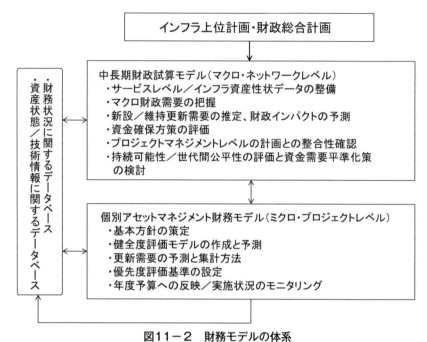

図11－2　財務モデルの体系

11.1.2　投資計画の具備すべき条件

アセットマネジメントの導入に当たっては，長期的視点に立って，効率的かつ効果的に管理運営することが重要であり，インフラ資産の維持補修，更新を行うための以下のような特徴を有する適切な投資計画を決定する必要がある。

（1）中長期的な時間軸を対象

インフラ資産はサービス提供期間が長期に渡り，また今後はその大量更新期を迎えることから，中長期的なスパンで更新需要量・ピークを把握するとともに，新たな利用者ニーズ，技術の進展等に応じ，インフラ資産の更新等を図るための投資内容を精査し，また財政制約等を考慮し，事業の平準化等の検討も進める必要がある。

（2）必要資金確保，財政への影響把握

インフラ資産整備・更新財源の一部を起債で賄う場合，例えば政府債の償還

期間は30年であり，世代間の負担の公平性の観点から，長期的な資金収支の見通しが必要となる。

さらに，更新事業計画の実行可能性を担保するため，同じく中長期的視野に立って，事業計画の実施による財政への影響，財政収支や施設料金水準の妥当性等をチェックし，更新事業計画を遂行するために必要な資金確保方策・財政計画と整合性確保が必要となる。

(3) 技術的な知見に基づく資産管理

投資計画策定に必要となるアセットマネジメントの検討過程を通じて，データ整理・点検・診断評価・計画策定いずれの局面においても，現状の技術水準を適切に反映し，十分に信頼性のある検討結果に立脚したものでなければならない。

(4) 計画実施時における管理指標

インフラ資産管理が計画的かつ効果的に実施されているかを事業者等自らが確認するために，マネジメントコントロールのための適切な管理指標として，内部評価指標を設定し，その推移を定量的に把握し，管理状況を評価することが重要となる。インフラ資産の状態及び更新等に関する技術的指標としてインフラ資産の点検状況，インフラ資産の健全度（老朽度），更新需要量等の指標が，財政状況に関する指標として収益性，安定性等の指標が想定される。

(5) 利害関係者への情報提供機能

インフラ資産の更新事業の必要性や効果を需要者等に説明し理解を得ることが重要であり，内部評価指標とは別に，わかりやすいアウトカム指標である外部評価指標を設定し，利用者等外部利害関係者への適切な情報提供に努めることが望ましい。

(6) インフラ資産管理の実践サイクル

インフラ資産管理の実践に当たっては，点検調査や診断評価で得られたデータ等を活かし，PDCA（Plan-Do-Check-Act）サイクルを軸としたマネジメントサイクルを構築し，各種改善情報をフィードバックし，より高い水準のインフラ資産の管理を実践していくことが望ましい。

11.2 投資計画の策定プロセス

11.2.1 計画策定プロセス[4]

図11-3に投資計画の策定プロセスを示す。また，プロセスの各項目について以下に述べる。

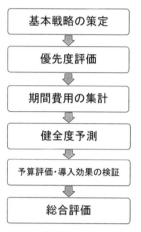

図11-3 投資計画策定プロセス

（1）基本戦略の策定

アセットマネジメントの導入及び運営に当たっては，目標の設定，管理が重要である。当該の資産のみにとらわれず，所属する組織における上位の政策的目標を基に基本方針を策定し，基本方針の達成に向けた戦略的な対応方法として長期戦略を設定する。

さらに，長期戦略を展開していくために，維持すべきサービス水準等から具体的な数値目標（長期目標）を設定する必要があり，達成すべき数値目標と目標達成までの期間を設定する。さらに，長期目標の達成に向けて中期目標を設定し中間年における進捗の程度を評価するとともに，長期目標の変更や，予算の見直し等を行う必要がある。

11.2 投資計画の策定プロセス

（2）優先度評価

優先度を評価することにより，日常的な維持・補修作業とは別に，更新を実施すべきインフラ資産の事業の実施順位をつける。具体的には，事業実施において，管理目標の健全度を下回るインフラ資産を抽出し更新候補とし，それらを健全度の低い順に並べ替え，同じ健全度に分類されるインフラ資産を機能面とコスト面を考慮したウェイト付けにより優先順位を変更し，更新優先順位（案）を決定する。

（3）期間費用の集計

各インフラ資産の維持・補修や更新に必要となる会計期間（通常は1年を単位とする）の費用（期間費用）を会計期間ごとに集計し，さらに，当該組織全体の対象となるインフラ資産に関する期間費用を算出する。

（4）インフラ資産の健全度予測

対象とするインフラ資産の平均健全度の推移予測を行い，対象組織全体の平均健全度の推移予測を行う。推移予測の結果，基本戦略において目標として掲げた健全度との照合を行い，目標に達しない場合はシナリオの再選定，更新リストの見直しを行う。

（5）最適計画の選定

集計された期間費用について，既存予算の評価を行い，決められた費用の範囲で事業が執行できるか確認する。予算額を超過する場合は，更新優先順位の低いインフラ資産より，更新シナリオ修正・再選定を行う。予算評価，導入効果の検証を行った後，中長期投資計画を策定し，あわせて更新事業計画及び事業計画期間に関する維持管理計画を策定する。

11.2.2 計画案のローリング

健全度の推移を再予測し，基本戦略に掲げた目標を満足できるかを確認する。予算評価等でシナリオを修正，再選定する場合には，目標を下回ることも想定されるので注意する必要がある。必要な健全度の水準を確保できず，サービス水準の大幅な低下等，重大な影響をもたらすことが懸念される場合には，予算

額を見直すことで適正化を図る必要がある。

　アセットマネジメント手法の導入後は，一定期間経過後，点検検査を実施し，健全度の予測と現状を照らし合わせて計画の適合性を確認する。その際にインフラ資産の健全度の予測と劣化状態やサービス水準の現状とが大きく乖離する場合は，維持管理計画及び更新事業計画を見直すこととなり，関係する運転予算及び投資予算を変更する。

11.3　資金戦略

11.3.1　資金調達の種類

　インフラ資産の維持補修や更新，新規建設のためには多額の資金を要する。それを賄うための資金調達手法は大きく分けると，事業者組織内に蓄積された過去の留保資金や利潤（内部留保），外部からの資金調達に区分され，さらに外部資金は利用者負担・公共負担・資本市場による3種類に区分することができる。

（1）内部留保

　過去の事業活動の成果として，事業体の内部には収益から費用を控除した利益が生まれる。この金銭的成果は企業内に蓄積（留保利益）される。また設備投資の結果により整備された固定資産は，減価償却という会計的処理により，ある期間を通じて費用として積み立てられる（自己金融機能）。この利益と減価償却により，事業体内に資金が蓄積することになる。アセットマネジメントの対象となるインフラ資産運営者は，固定資産の保有額が大きく，これに対応した減価償却費も高いため，内部留保資金によって基礎的な設備の維持・更新費を賄うという，設備産業特有の再生産メカニズムが機能することが安定経営の重要な要因となっている。ただし，資金ベースで見た場合，適切な水準の料金収入等を得られない場合や，料金収入そのものを得られない公共財の供給事業者では，減価償却により内部資金を得ることはできない。

(2) 利用者負担

利用者から料金を徴収し，その収入によって様々なコストを回収するシステムを指す．上下水道などではこの料金収入を経営の基盤としている．地方公営企業では，独立採算性のもとで料金収入により，インフラ資産の維持管理や更新投資のための財源を確保してきた．

人口密度が高く，インフラ資産の利用効率の高い都市部では，長期安定的な収入を確保しうる料金収入が確保できるため，利用者負担の果たしている役割は大きい．他の方法に比べて，利用者の選好が反映されやすいこと，経営におけるガバナンス構造の確保などの点で，利用者負担とそれによる独立採算経営システムが，資金調達の有力な方法の1つであった．しかしながら少子高齢化，人口減少時代を目前に控え，安定的な料金収入確保は困難が予想されており，適時適切な料金水準見直しなどを図っていく必要性が増大している．

(3) 公共支出

国ないし地方自治体の一般会計予算による補助金・財政移転収入によって様々なコストを回収するシステムを指す．最も明確な形としては一般財源から補助金・財政移転を得ることが挙げられる．一般財源とは地方自治体などが自治活動のために自由に使用できる財源のことを指す．そこからある一定の額を投資することで事業を運営していくというものである．

(4) 資本市場調達

増資・公社債発行（直接金融）や金融機関借入（間接金融）など，いわゆる狭義のファイナンス活動である．企業体の信用力・当該プロジェクトの採算性などを背景として，資本市場からの直接的な資金の獲得を行うことで，事業に必要な資金を調達する．注意すべきことは，上記（1）〜（3）とは異なり，これらの資金は資金の出し手（出資者・融資者）への返済が必要であり，資金回収コストを考慮する必要がある．

11.3.2 'Pay as you go'と'Pay as you use'

資金調達の基本的考え方として，'Pay as you go'と'Pay as you use'という

2つの原則がある[3]。

'Pay as you go'原則とは，「必要なコストは利用者自らが負担する」という考え方であり，料金収入等の負担により建設・維持管理・運営のコストを回収するものである。この場合，あらかじめ将来の更新投資に必要なコストを含め，使用料（料金）の費用項目として内部化し，利用者に負担を求めていくこととなり，長期的な費用構造の見積りの正確性を確保し，使用料水準に関する説得力ある説明が求められることになる。

一方，'Pay as you use'の原則とは，負債による資金調達方式を総称し，世代間に跨って費用負担を行うというルールである。この場合，現役世代と過去・将来世代の負担の公平性確保や，金利払いに代表される調達コストの多寡，事業者の信用力など，受益者負担ルールとは異なる課題を有している。一般道路や河川といったインフラ資産では，受益者が特定できず広く地域住民であることから，負債（及び将来の償還財源としての税）による費用負担が採用される。我が国の建設国債においても，国債の償還年限が60年程度に設定されているのは，インフラ資産の耐用年数が適切な維持・管理の下では50年を超え，その効用が世代を超えて継続するという実態を踏まえたものである。アセットマネジメント計画に基づいた効率的・効果的な維持更新活動を実現させるとした場合，将来資金需要の見積りも合理性を有するため，'Pay as you use'の原則による世代間の負担に対する納得性・説得性をより一層高めることが期待できる。

11.4　収支予測と財務的マネジメント

11.4.1　プロジェクトベースの財務的マネジメント

上水道など独立採算制を原則とするプロジェクトベースのインフラ事業においては，更新需要に対する安定性や持続可能性を担保した財源の検討が重要となる。

人口減少過程にあって料金収入の減少も予想される厳しい経営環境下において，更新財源を確保していくためには，中長期的な観点からの財政収支見通し

11.4 収支予測と財務的マネジメント

により，計画的な資金確保にできるだけ早期に取り組む必要がある。財政収支の算定（シミュレーション）の目的は，更新需要に基づき更新投資を実施した場合に財政収支に与える影響を評価し，損益勘定留保資金等（内部留保資金）の推移や現在の料金水準や起債水準の妥当性を確認し，更新に必要な財源確保方策を検討することにある。プロジェクトベースの財政収支試算の特徴は，「キャッシュ・ベース」での予測・評価にある。これは，対象となる事業（プロジェクト）の事業期間を一定に区切り，期間内の資金過不足の予測から，財源確保策の検討を行うという目的のためである。具体的には，以下の手順を経ることで，財政収支試算を行う（図11-4）。

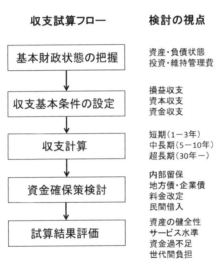

図11-4 財政収支試算のプロセス

（1）財政収支に関する現状把握

収益的収支，資本的収支及び資金残高等に関する過去の実績値を整理する。

（2）収益的収支，資本的収支，資金残高等の条件設定

あらかじめ算定した更新需要見通しを変動要素として反映し，それ以外の費目・項目については直近の実績値等を基に一定の条件設定を行う。

(3) 財政収支の算定

条件設定に従って，対象インフラ資産のライフサイクルに沿って，今後30～40年間の収益的収支，資本的収支，資金残高等を算定する。

(4) 財源確保方策の検討

損益勘定留保資金等（内部留保資金）の活用を考慮しつつ，更新財源の内訳を設定し，起債への依存度等を把握する。さらに，資金残高を把握し，中長期的な観点から更新需要に対する財源手当てが可能であるかを検証する。あわせて，現行の料金水準や起債水準が，将来的な更新需要に対応できるものであるか，持続可能性が担保されたものであるか等を検証するとともに，料金改定等の財源確保方策を検討する。

(5) 試算結果の評価

インフラ資産の健全性が将来とも保持されているか，現行の料金水準は，更新財源確保の面から見て妥当か，将来的に収益性は確保されるか，起債残高等からみて，世代間の負担の公平性に配慮されているか，などの観点から試算結果を総合的に評価する。

11.4.2 マクロ財政収支ベースの財務的マネジメント

地方自治体など地域全体の様々な諸活動を遂行する行政府においては，目的を異にする多種多様なインフラ資産を建設・維持管理・更新する活動が毎年継続的に実施されている。我が国を含む先進諸国においては，戦後蓄積された膨大なインフラ資産の更新需要が見込まれることから，これらの地域自治体の中長期的な財政状態は，インフラ資産の適切な管理運営に必要な財源の持続可能性に大きく左右されることになる。

現在，我が国の地方自治体の中長期的な全般的財政状態を予測・評価するツールとしては，公会計財務諸表の予測モデルを活用する方法が採用されており，各自治体は3年程度の予測期間を対象として，定期的に中期財政予測を作成・公表している。しかしながら，この予測モデルでは，地方財政計画に準拠する現金主義に基づく予算積み上げの方法が採用されており，インフラ資産のよう

に経年によるサービス水準の低下や，改築・更新といった資産価値の変動・増減に対応して，対象となる自治体の財政状態がダイナミックに変化するという影響を考慮できていない。結果として，維持更新需要への対応のための財源確保に有効な情報を提供しえないという問題がある。アセットマネジメントシステムとの関連性を高めた財政収支試算モデルは，以下の諸点を考慮して構築する必要がある。

（1）各年度の投資支出を明確化して把握・計上する。
　・新規稼働設備や既存設備の機能向上分に対応した「増設分資産」に関わる投資額（資産額）
　・既存インフラ資産の提供するサービス水準を維持するために必要とされるインフラ資産更新投資額（資産額）
（2）各年度の経常的支出（維持修繕・資産の減耗劣化に伴う減価償却）の予測と計上
（3）各年度の基礎的及び追加的財政的収入（税収・補助金・使用料など）の見積り
（4）各年度の予測財務諸表と資産額の増減，及びサービス水準の総括表
（5）予測対象年度全体を通じた，財政状態の評価と財源過不足の評価

　既に一部の自治体等では，こうした要因を踏まえた財政モデルの作成と活用も開始されつつあり，今後その有効性が検証される段階にある[5]。

11.5　まとめと課題

　インフラ資産を対象としたアセットマネジメントシステムが有効に機能するためには，日常の点検データ収集と蓄積，劣化予測と維持補修や更新シナリオ作成，これらを踏まえた合理的な投資計画の策定が必要である。事業を円滑かつ継続して実施するためには必要な資金を調達することも重要である。

　税収の限られた自治体等では，起債等によって外部資金調達を行う機会が増えているが，一方で市場調達に際しては，自治体財政の健全性の確保が条件と

なっている.

　インフラ資産の健全性確保と財政の健全性確保は表裏一体の課題として，実務・研究の両面で解決に向け進展が期待される.

参考文献

1) 江尻良, 西口志浩, 小林潔司：インフラストラクチャ会計の課題と展望, 土木学会論文集, No.770/VI-64, pp.15-32, 2004.
2) Grigg, N. S.：Infrastructure Engineering and Management, John Wiley & Sons, 1988.
3) United States Environmental Protection Agency：The Fundamental of Asset Management, USEPA Advanced Asset Management Workshop.
http://water.epa.gov/infrastructure/sustain/am_training.cfm
4) 厚生労働省健康局水道課：水道事業におけるアセットマネジメント（資産管理）に関する手引き, 2009.
5) Institute of Public Works Australia：Long-term Financial Planning, IPWEA Practice Note No.6, 2012.

第12章　アセットマネジメントの適用事例　舗装

12.1　はじめに

12.1.1　道路舗装の維持管理業務

　道路舗装の維持管理業務は，1）膨大なストック量（道路延長）を同時に管理，2）舗装の劣化が利用者のサービスに直接的に影響する，3）舗装の寿命は他のインフラ資産と比べて比較的短い，等の性質を有している。膨大な管理対象道路から，劣化が進行している箇所を発見し，適切な補修を施す必要がある。まずは，舗装の管理データとして，基本情報（インベントリー情報：延長，面積等）を整備し，その上で，各々の舗装区間（路面）の損傷状態に関する情報を定期点検によって把握する必要がある。

　しかしながら，道路舗装の劣化過程は，多様な不確実性を有しており，各々の舗装区間によって劣化速度が著しく異なる。さらには，その劣化には，施工時の条件，気象や交通量等の供用条件等，様々な要因が複雑に関係しており，劣化要因を事前に予測することは不可能である。定期点検によって発見された損傷に対する合理的な対策のタイミング，方法等は，舗装区間ごとに異なっている。舗装の補修工法や補修時期等の合理化のために，過去の劣化状態を記録したアーカイブデータを用いて，劣化パフォーマンスを評価し，ライフサイクル費用評価等によって合理的な対策方法を検討する。この合理的な対策方法は，国や地域，路線によって異なっており，実態に即した方法を求めるためには，実際にその道路で発生した劣化や補修に関する履歴情報を用いた分析が必要となる。これらの履歴情報が入手できれば，それらの情報を用いて劣化曲線を推計することができる。劣化曲線はライフサイクル費用評価のために不可欠な道具となる。ライフサイクル費用評価等によって求められた合理的な補修方法等は，維持管理のガイドライン等に記載され，実際の維持管理業務に適用される。

舗装マネジメントにおける長期計画では，目標とするサービス水準を設定し，サービス水準を維持するための必要な予算や事業費を検討する。サービス水準と舗装の維持管理予算は，トレードオフの関係にあり，ここでも各組織の実態，目標とする舗装の維持管理レベル，要求水準等によってサービス水準と維持管理予算のバランスを決定する。

舗装のリスク評価では，特に舗装維持管理の現場業務で重要な視点として，劣化速度の相対評価に基づくベンチマーキング評価[1]を取り上げる。劣化速度の不確実性，固体誤差を分析することにより，劣化速度が著しく大きい箇所（問題箇所）を抽出することができる。それらの問題箇所は全体の道路ネットワークの一部であるが，そのような箇所をモデル区間として評価し，劣化速度を改善するための方法を模索することがベンチマーキング評価の目的である。その結果はPDCAサイクルにおける継続的改善の対象となり，さらに，維持管理のベストプラクティスや改善のための新たなインプットの見直し（点検の頻度，補修の基準等）がガイドラインに記載され，次の維持管理業務へ適用される。

12.1.2 劣化パフォーマンス評価と継続的改善

インフラ資産のアセットマネジメントは，対象とする施設の維持管理を合理的に遂行するための継続的な取組みに関する様々な意思決定の集合と定義することができる。さらに，合理的な意思決定とは，アセットマネジメントにおいてある目標を達成するための最善のアクションを選択することである。また，その意思決定の過程を客観的に評価することも重要となる。

アセットマネジメントを実施するに当たり管理者が考えなければならない最大の不確実性の1つとして，施設の物理的劣化過程が挙げられる。劣化予測モデルは，将来時点における劣化の状態を予測するものであり，様々な施設の特性に応じた統計的劣化予測モデルの推計方法が開発されている。

舗装マネジメントにおいても，将来時点における舗装の補修需要を予測し，ライフサイクル費用を評価するために，劣化予測モデルの構築が必要不可欠で

ある。劣化予測モデルは，その利用目的に応じて性質が異なるが，過去の劣化状態を記録したデータを基に統計的に劣化過程の規則性を推計する方法は，統計的劣化予測モデルと称される。統計的劣化予測モデルでは，実際の管理対象である舗装の実データを用いてモデルを推計するため，その推計結果が維持管理の現場の経験的な知見と整合しやすいという長所がある。舗装の劣化過程には多くの不確実性が介在しており，たとえ同じ環境下の舗装であっても，供用環境や施工環境が異なれば，劣化のパフォーマンスに大きな違いが生じる[2),3)]。

一方，統計的劣化予測モデルのもう1つの特長は，過去の劣化のパフォーマンスを表現することができることにある。点検や補修履歴に関する情報を蓄積した統計データを用いて推計した劣化予測モデルは，当該期間の施設の劣化パフォーマンスを評価し，平均的な劣化速度や個別施設（区間）ごとの劣化速度の相対評価によって劣化速度が著しく大きい問題箇所等を評価することができる。そのような評価結果は，次の維持管理計画を検討する際の重要な改善情報を提供するものである。このようなパフォーマンス評価に基づくアセットマネジメントの継続的改善こそ，実践的アセットマネジメントシステムに求められるものである。

12.2　京都モデル

12.2.1　京都モデルの全体構成

舗装マネジメントを効率的に運用することを目的として開発されたアセットマネジメント情報システムの1つである「京都モデル」を紹介する（**図12－1**）。京都モデルは，日常業務を対象とした予算執行・状態管理マネジメントサイクルと，日常業務を俯瞰的な視点にて定期的にモニタリングし，政策評価によって日常業務への改善事項を指摘するための戦略的（成長）マネジメントサイクルによる階層構造を有している。舗装の維持管理業務は，階層的なマネジメントサイクルによって表現され，その業務プロセス全体はロジックモデル

を用いてモデル化される。一方，舗装の維持管理業務に必要な各種データ群は，舗装データベースにてアーカイブ化され，日常業務の意思決定にて参照されるとともに，政策評価のためのロジックモデルの評価指標として利用される。

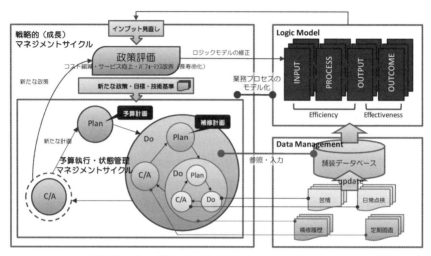

図12－1　舗装マネジメントのPDCAサイクル

（1）予算執行・状態管理マネジメントサイクル

　予算執行・状態管理マネジメントサイクルでは，事前に設定されたアセットマネジメント目標を達成するために，統一的な技術基準に従って，日常の舗装維持管理業務を遂行する。また，予算執行・状態管理マネジメントサイクルは，意思決定の影響範囲，対象とするプロジェクトの違いにより，PDCAの外側のサイクルから順に，1）予算計画レベル，2）ネットワークレベル，3）プロジェクトレベルの3つの階層に分割される。**図12－1**の予算執行・状態管理マネジメントサイクルは，本書の第1章において，**図1－1**で示したアセットマネジメントサイクルにほかならない。京都モデルは，舗装マネジメント用にカスタマイズしたアセットマネジメント・ソフトウェアであること，ベトナムに導入するに当たり，同国の実情に適合させる必要があったため，①予算計画レベル，②ネットワークレベル，③プロジェクトレベルという階層構造を導入

していることを断っておく。①の予算計画レベルでは，管理している道路舗装を長期間にわたって維持管理するために必要となる補修・更新費用を算出し，予算計画を策定する。舗装の補修・更新のための概算の予算規模は，政策評価に従った新たな政策，目標，技術基準や，舗装以外の資産への投資配分の状況に依存して決定される。舗装を対象とした予算計画では，現在の舗装の状態と劣化予測モデルによって将来の劣化状況を予測し，対象道路への予算の配分及び年次ごとの予算配分を設定する。

　②のネットワークレベルでは，管内全体の道路舗装から補修・更新が必要な区間を抽出し，補修・更新の緊急度に応じた補修計画を作成する。さらに，③のプロジェクトレベルにて，補修計画に従って個別区間の補修・更新を実施する。日常管理にて取得した情報は，舗装データベースにアーカイブとして随時入力され，保管され，参照データとして再利用される。

　階層的マネジメントサイクルの事後評価は，概ね3～5年ごとに実施することが望ましく，戦略的（成長）マネジメントサイクルでの政策評価により決定されるインプットの改善内容に従って，新たな計画を立案する。

(2) 戦略的（成長）マネジメントサイクル

　戦略的（成長）マネジメントサイクルの役割は，定期的に日常管理の方法を見直すことであり，コスト縮減やサービスの向上，パフォーマンスの改善（長寿命化）を達成するための新たな政策，目標，技術基準等を設定し，日常業務へ適用することである。まず，予算執行・状態管理マネジメントサイクルの結果をレビューし，目標の達成状況等から，次の目標を設定する。目標設定のために必要となるインプットを見直し，その結果を新たな技術基準として取りまとめ，日常業務の業務改善を行う。政策評価はロジックモデルに基づいて行われ，業務プロセスの見直しとともに，ロジックモデルを再構築する。

(3) ロジックモデル

　ロジックモデルは，維持管理業務の目標をサービスの視点に立った成果（アウトカム）として表現し，その目標を達成するための業務と成果との関係を論理的に結びつけ，業務全体を系統立てて表現するものである[4]。ロジックモデ

ルに基づき業務を実施した結果を，アウトプット指標，アウトカム指標として定量的に評価し，それにより，日常業務や個々の事業が事業全体に与える貢献度を分析し，貢献度が低い業務（活動）を抽出することにより，インプット改善の対象を明らかにする。また，計画通りに目標を達成できなかった場合には，その原因についてロジックモデルを用いて分析し，新たな計画の見直し時に目標を達成するための手段（インプット）の組合せを再検討する。

このように，ロジックモデルは，舗装の維持管理業務の全体をモデル化し，業務の遂行をモニタリングし，改善するためのツールである。舗装の維持管理業務の方法，設定する目標等は，管理主体によって異なっており，アセットマネジメントシステムのカスタマイズは，ロジックモデルの構築に集約される。

ロジックモデルに基づく政策評価には定期的なモニタリングが必要であり，アウトプット指標，アウトカム指標の算出と評価のための情報管理が必要となる。日常の維持管理業務で取得すべき情報は，ロジックモデルの評価項目によって決定される。

12.2.2 京都モデルの導入プロセス
（1）資産の状態把握

まず，資産の状態把握（資産の整理，状態監視，故障モードと健全度評価）において，舗装マネジメントの骨格を形成する舗装データベースを構築する（**図12-2**）。舗装データベースは，1）基本情報（インベントリーデータベース），2）調査点検情報，3）補修履歴情報，4）その他（交通量データ等の供用条件等）に分類される。各々の情報を舗装区間の位置情報をキーとし，時系列のデータベースとして作成する。舗装データベースを構築する際には，今後の維持管理業務で生成される情報の更新の方法を考慮したデータベース構造とする。舗装データベースは，現在の舗装の状態や当該舗装区間の過去の補修の実施状況，日常管理において頻繁に参照される情報であり，データの検索や空間情報の把握等の観点から，基盤地図データや航空写真データ等を背景に用いたGISデータとして構築することが望ましい。

12.2 京都モデル

図12－2 資産の状態把握

舗装の状態評価の方法としては，路面の状態値（ひび割れ，わだち掘れ，IRI[※1]等）を連続的に把握することができる路面性状測定車を用いた定期調査が普及している。あるいは，生活道路等の交通量が少ない道路等では，目視による調査点検も実施されている。調査の方法や頻度等は，舗装の損傷状態，劣化速度，交通量等を考慮して設定される。ただし，時系列データとしてのデータの整合性を確保するために，点検方法や評価区間については，統一した仕様を採用することが望ましい。

舗装の損傷評価として，路面のみならず構造劣化を評価することが重要である。ただし，路面の調査のようにネットワークレベルにおいて構造調査（FWD[※2]調査等）を実施することは効率的ではない。これは，構造調査を実施するためには交通規制が必要となることによるものである。

（2）資産の耐用年数

道路舗装の耐用年数は，実際の維持管理の実績として評価することができる。

※1 国際ラフネス指標（International Roughness Index）
※2 重錘落下式たわみ測定装置（Falling Weight Deflectometer）

補修履歴情報が豊富に蓄積されている場合は，補修サイクル（ある舗装区間の前回補修から最新補修までの経過時間）の集計によって耐用年数を評価することができる。しかし，道路舗装では，必ずしも劣化が進行した箇所のみを対象として補修されるわけではなく，損傷箇所を含んだある一定区間を一斉に補修する場合が一般的である。

　舗装の耐用年数は，舗装の劣化パフォーマンスを条件別（交通量等）の平均的な劣化速度として評価することにより，ライフサイクル費用評価やリスク評価におけるベンチマーキング評価の基準としての情報を提供することができる（**図12-3**）。劣化の不確実性を考慮することができる確率的劣化予測モデルによって表した劣化パフォーマンス評価は，劣化速度のばらつきが含まれる舗装の平均的な劣化速度とそのばらつきの度合いを同時に表現することができる。

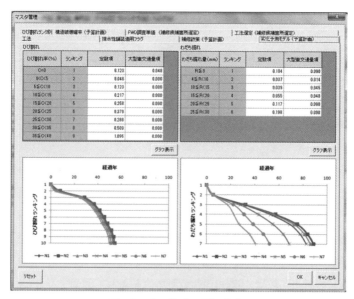

図12-3　資産の耐用年数

12.2 京都モデル

（3）資産のライフサイクル費用評価

舗装のライフサイクル費用評価により，劣化状態に対応する最適な補修工法，補修の適用タイミング等を分析し，その結果をインプットの見直し項目として新たな政策評価に採用する。（2）の資産の耐用年数における劣化パフォーマンス評価において，適用する補修工法や道路の供用条件別のパフォーマンスを評価することにより，ライフサイクル費用評価のインプットに必要な劣化予測情報として用いることができる。また，コスト分析における評価に採用する工法の補修費用，補修による効果（回復水準）等について，過去の実績値を採用する場合には舗装データベースから推計できるようにデータベースを設計し，情報を蓄積することが必要となる。

（4）サービス水準の設定

舗装のサービス水準は，アウトカム指標として，道路利用者にとっての信頼性，安全性確保の視点から定義される。そのアウトカム指標は，道路の損傷等で表現されるアウトプット（損傷値，ポットホールの数等）と関連付けることで，定量的に評価される。それら，アウトカム指標とアウトプットとの因果関係はロジックモデルを用いて整理される。サービス水準に関しては定期的にモニタリングし，その達成度を評価する必要があり，モニタリングすべき指標とサンプルサイズ，評価方法等を設定する。

（5）適切な投資計画・資金戦略

（2）の資産の耐用年数において算出した劣化パフォーマンス評価を用いて，将来の舗装の劣化を予測し，将来時点に必要となる補修需要を算出し，長期的な予算計画を立案する（**図12-4**）。予算計画を作成する際には，複数の維持管理シナリオを設定し，必要予算と維持管理レベルの関係を同時に分析し，現実的な予算計画を設定する。維持管理シナリオとしては，例えば，1）現状の維持管理予算が継続する場合，2）現状の管理レベルを維持する場合，3）目標とする管理レベルへ改善する場合，等が考えられる。予算計画を設定することにより，目標とする維持管理レベルが同時に設定される。一般的に，予算計画のための事業費需要の予測は，劣化予測モデルや（3）のライフサイクル費

第12章　アセットマネジメントの適用事例　舗装

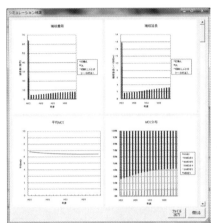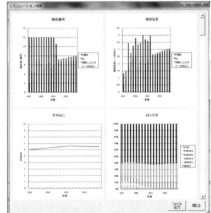

図12−4　適切な投資計画・資金戦略

用評価等によって設定される補修基準等をインプットとして，シミュレーション等によって分析される。最終的には，橋梁等の他のインフラ資産の投資計画との調整によって，年次ごとの予算配分を検討し，舗装の予算計画を作成する。
（6）リスク評価
　舗装のベンチマーキング評価では，舗装区間の劣化速度の相対評価により劣化速度が著しく大きい区間を抽出し，補修の優先度評価，詳細調査箇所の選定等の意思決定に用いる（**図12−5**）。路面の劣化パフォーマンスの相対評価により，平均的な劣化速度に比べて劣化速度が著しく大きい箇所は，構造的な劣化が進行している箇所と想定されることから，このような箇所については優先的にFWD調査を実施し，合理的な補修工法を適用することにより，劣化パフォーマンスが改善されることが期待できる。このように，劣化リスク評価によって詳細調査箇所選定や補修の優先順位付け等の合理的な意思決定を支援することが可能となる。
（7）PDCAサイクルと継続的改善
　舗装維持管理業務のPDCAサイクルでは，ロジックモデルに基づき，問題箇所の発見と対応，実績データに基づく事後評価と政策，基準，目標の見直しを

12.3 舗装アセットマネジメントのための技術

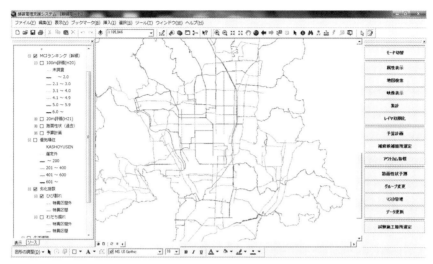

図12-5　リスク評価

行うことで，継続的改善を目指す。時系列に蓄積した舗装データベースを用いて，管理レベル（損傷状態）の推移，補修実績，目標と実績の乖離等をまとめたアニュアルレポートを作成する。アニュアルレポートには，事後評価に基づき，新たに設定したインプットの見直し内容（新たな基準，新工法，技術標準等）を加え，現場の維持管理業務にガイドラインとしてフィードバックする。

12.3　舗装アセットマネジメントのための技術

12.3.1　舗装の定期調査（路面性状調査）

道路舗装の定期調査として，道路上を走行しながら路面の状態を自動的に計測する，「路面性状調査システム」が古くから実用化されている。このような技術を用いることで，大量のデータを自動的に取得することができる。路面性状調査システムは，一般の車両に，路面の状態を計測するための装置を搭載し，走行しながら道路の計測位置と損傷に関する情報を同時に取得する計測システムである（**写真12-1**）。この路面性状調査システムは，1970年代に日本で開

発され，今日まで度重なるバージョンアップによって，現在ではより高精度で信頼性の高いデータを計測することが可能である。

写真12－1　路面性状調査車

　路面性状調査システムには，搭載する装置や計測の精度等に応じて様々なタイプが存在する。最も精度が高いシステムを用いることで，例えば路面に発生した幅1mmのひび割れを把握することができる。また，昼夜を問わず測定することが可能な計測システムが一般的であり，特に交通量が多い路線等では，夜間に測定することで，計測時の走行速度を維持することができる。

　一方，計測装置をコンパクトに持ち運ぶことができる路面性状調査システムが実用化されている。カメラやセンサー等，路面性状を計測するための装置を取り外して持ち運び可能であり，調査の現場で調達した車両に装置を搭載することができる。主に海外プロジェクト等で活躍が期待できる。

12.3.2　パフォーマンス評価（劣化予測モデル）

　路面性状調査で取得した路面の損傷度や補修履歴データ等を用いて，舗装の劣化予測モデルを作成することができる（**図12－6**）。舗装マネジメントにおいて，将来の補修需要を予測するために，信頼性の高い劣化予測モデルを作成することが重要となる。一方，過去の統計データを用いて舗装の劣化過程をモデル化した劣化予測モデルは，舗装マネジメントの事後評価におけるパフォー

マンス評価に用いることができる。事後評価の結果，劣化速度が相対的に大きい区間を抽出し，次の維持管理計画に反映させる。

　12.3.3に後述する舗装マネジメントシステムでは，将来時点における舗装の補修需要を予測し，ライフサイクル費用を評価するために，劣化予測モデルの構築が必要不可欠である。劣化予測モデルは，その利用目的に応じて異なる性質を有するが，過去の劣化状態を記録したデータを基に統計的に劣化過程の規則性を推計するモデルは，統計的劣化予測モデルと称される。統計的劣化予測モデルの構築にはある程度のデータの蓄積が必要となるが，同モデルでは，実際の管理対象のパフォーマンスデータを用いて推計することにより，推計結果と維持管理の現場での経験的な知見との整合を図りやすいという長所がある。舗装の劣化過程には多くの不確実性が介在しており，たとえ同じ供用条件下の舗装であっても，供用環境や施工環境が異なれば，劣化のパフォーマンスに大きな違いが生じる。

　一方，統計的劣化予測モデルのもう1つの特長は，過去の劣化のパフォーマンスを表現することができることにある。日常的維持管理では，この統計的劣化予測モデルを基に，将来時点における施設の劣化と補修需要を予測する。新たなデータを取得して劣化予測モデルを更新しない限り，劣化予測モデルは不

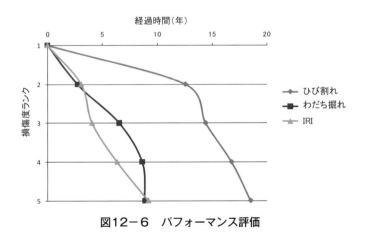

図12-6　パフォーマンス評価

変である.

　ここで，新たな点検データを獲得し，劣化予測モデルを更新する場合を想定しよう．劣化予測モデルを構築し，ある一定期間が経過した後に路面性状調査を実施し，点検データを獲得する．獲得した点検データを用いて，既存の劣化予測モデルを更新する．その際，更新する以前の劣化予測モデルをベンチマーキング曲線と定義する．更新した劣化予測モデルがベンチマーキング曲線より長寿命化の方向へシフトすれば，ベンチマーキング曲線を構築した時点から更新までの期間に行ったメンテナンスにより，平均的な劣化速度が遅くなったことを意味する．この間に，何らかの舗装の長寿命化施策を適用したとするならば，ベンチマーキング曲線から変化した量を長寿命化の効果として評価することが可能である．

　道路舗装のアセットマネジメントにおいても，将来の補修需要を予測し，ライフサイクル分析を行うための劣化予測モデルの構築が必要となる．しかし，前述したように，舗装区間個々の将来の損傷状態を確定的に予測することは不可能である．舗装データベースを構築する際には，舗装区間別の調査結果や補修履歴データをデータベースに格納する．その時，最新の調査結果から現在までの時間の経過によって進行していると考えられる損傷値を調査結果に加味して，計測された損傷値を修正するような考え方も存在する．この場合，舗装の劣化要因別の劣化予測式を算出し，同一の特性を有する舗装区間の平均的劣化進行量を，調査結果に加えることにより予測を行う．しかしながら，舗装区間の劣化過程の不確実性により，現実的には急激に劣化が進行する箇所や，全く劣化が進行しない箇所等が混在しているため，平均的劣化進行量による予測結果は実際の状態とは異なっている．また，道路管理者は，データベースのみで補修の必要性を判断することはなく，現場の状態を目視にて確認することができる．舗装路面は，ばらつきが大きい複雑な劣化過程を有する一方で，路面の劣化状態を目視によって容易かつ簡易的に確認できるという，他の主要インフラ資産とは異なる特徴を有している．統計データを用いた劣化パフォーマンス評価は，舗装マネジメントにおけるPDCAサイクルにて，計画立案（Plan）で

はなく，事後評価（Check and Action）にて，重要な役割を有する．舗装の劣化予測モデルは，舗装の劣化特性と劣化予測モデルの利用目的を十分に議論した上で利用することが求められる．

12.3.3 舗装マネジメントシステム（PMS）

舗装マネジメントシステム（PMS：Pavement Management System）は，定期調査や日常業務に関するアーカイブデータを管理し，そのデータを用いて評価分析を行い，維持管理計画の作成を支援するものである[5]。損傷データベースを用いて，損傷が進行している箇所を把握し，補修が必要な箇所を集計し，補修計画を立案することができる．さらには，損傷データを地図上にランキング表示し，損傷が進行している区間の箇所，分布状況，地域特性等を把握することができる．現在では，そのような評価・分析を行うGISベースのアプリケーションも幅広く普及しており，舗装の現状把握のみならず将来計画等の分析に用いられる．

蓄積されたデータを用いて，舗装の劣化パフォーマンスを分析し，舗装の劣化に関する問題箇所を発見し，次の維持管理計画に反映させることができる．また，劣化パフォーマンスの評価結果を用いて，将来時点に必要となる補修費用と目標とする管理水準の関係を分析し，予算計画の基礎資料を作成する機能も，既に実運用されている．

12.3.4 その他の技術

舗装の維持管理業務では，路面性状調査のような自動的にデータを取得するシステムの他，日々の現場でのパトロールや日常点検も欠かすことができない重要な業務である．ポットホール等の突発的な損傷，側溝の損傷等，定期調査では把握することが難しく，早急に対応が必要な事象は日常業務で対応する．一方で，そのような突発的な損傷や日常業務での対応履歴に関する情報は，舗装アセットマネジメントにおいて重要な情報であり，発生した位置情報とともにデータベースに格納し，日常業務の事後評価に用いられる．

写真12-2は，このような日常業務の効率化を支援するアプリケーションの例である．現場で取得した情報を，タブレットPCや携帯端末等でその場で入力する．GPSによる位置情報とともに，取得した情報をデータベースに自動的に格納することができ，現場作業の効率化を支援するものである．

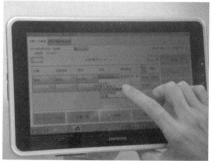

写真12-2　日常業務支援アプリケーション

12.4　おわりに

本章では，舗装のアセットマネジメントに適用されるいくつかの技術を紹介した．インフラ資産の維持管理に関する問題は，我が国に限らず世界共通の急務な課題であり，直ちにアセットマネジメントの導入に向けた議論を開始することが必要である．しかしながら，インフラ資産の維持管理の実践においては，技術的な課題のほか，組織，人材教育等，幅広く，かつ継続的な活動に関する議論を行うことが重要であり，慎重な議論を継続的に実施することが必要とされる．最終的な目標は，維持管理を実施する現場への技術の定着であり，そのためには，現場の課題，ニーズに即したカスタマイズ性を有するアセットマネジメント情報システムの導入と，エンジニアによる意思決定の高度化のための技術的なレベルアップが必要である．

参考文献

1) 小濱健吾, 岡田貢一, 貝戸清之, 小林潔司：劣化ハザード率評価とベンチマーキング, 土木学会論文集A, Vol.64, No.4, pp.857-874, 2008.
2) 小林潔司, 熊田一彦, 佐藤正和, 岩崎洋一郎, 青木一也：サンプル欠損を考慮した舗装劣化予測モデル, 土木学会論文集F, Vol.63, No.1, pp.1-15, 2007.
3) 熊田一彦, 江口利幸, 青木一也, 貝戸清之, 小林潔司：モニタリングデータを用いた高速道路舗装の統計的劣化モデルの検討, 土木学会舗装工学論文集, Vol.14, pp.229-237, 2009.
4) 青木一也, 小田宏一, 児玉英二, 貝戸清之, 小林潔司：ロジックモデルを用いた舗装長寿命化のベンチマーキング評価, 土木学会土木技術者実践論文集, Vol.1, pp.40-52, 2010.
5) 小田宏一, 児玉英二, 青木一也, 貝戸清之, 小林潔司：劣化ハザード率を用いた学習機能を有する舗装マネジメントシステム, 土木情報利用技術論文集, Vol.18, pp.165-174, 2009.

第13章 アセットマネジメントの適用事例　橋梁

13.1　はじめに

　橋梁は，一般に，構造が複雑で，維持管理には専門の技術を必要とするとともに，仮に，構造形式や規模が類似していても，劣化の進展には架設環境や交通条件といった種々の条件が影響する。特に，劣化が著しく進展し，大規模な補修や更新が必要とされる場合や，河川や他の道路・鉄道を横断する場合等には，補修や再構築に多大な時間と費用を要することになる。一方，維持管理が良好であれば，100年以上にわたり供用されている橋梁もある。また，橋梁はインフラ資産の中でも比較的早く点検要領が定められ，点検方法がルール化されて，系統的な点検が行われるようになった構造物であるとともに，劣化予測や最適な補修計画の策定支援等を目的としたアセットマネジメント情報システムである橋梁マネジメントシステム（BMS：Bridge Management System）の開発が行われている。

　以上のような背景を踏まえ，本章では，橋梁に関するアセットマネジメントの適用事例として，橋梁マネジメントシステム並びに橋梁の部材の劣化予測と補修・補強について述べる。橋梁マネジメントシステムに関しては，日米両国における開発・運用動向について概説するとともに，システムの一例として，京都大学で開発されたKYOTO-BMSの概要について紹介する。さらに，橋梁部材としてRC床版に着目して，第7章で論じた劣化予測技術を援用した劣化予測事例についても紹介する。

第13章 アセットマネジメントの適用事例 橋梁

13.2 橋梁マネジメントシステム

13.2.1 橋梁マネジメントシステムの開発・運用動向

米国では1967年12月5日に発生したウェストバージニア州とオハイオ州の間のオハイオ川に架かるシルバー橋の崩落を契機として，1971年に全国橋梁点検基準（NBIS：National Bridge Inspection Standards）が制定され，橋梁点検が義務化された。1980年代には橋梁の老朽化に伴う維持管理費用の適正な配分のために，橋梁網をネットワークとして捉え，橋梁の補修計画等を立案・支援する橋梁マネジメントシステムの必要性が認識された。その後，1990年代初めには連邦道路庁（FHWA：Federal Highway Administration）によりPONTISと呼ばれる橋梁マネジメントシステムが開発された。なお，現在，PONTISは米国全州道路交通運輸行政官協会（AASHTO：American Association of State Highway and Transportation Officials）によって管理されている[1]。PONTISは橋梁のデータベース機能，劣化予測機能，維持補修費用の算出機能，橋梁資産価値の算出機能等の機能を備えている。

PONTISでは，橋梁のデータベースとして，橋梁の諸元，点検結果等のデータが蓄積されている。また，PONTISの特徴として，点検結果に基づき，状態推移確率行列を適用して部材レベルで劣化予測を行っていることが挙げられる。すなわち，ある部材の状態が現状に留まるか，又は，他の状態に推移するかが状態推移確率行列として与えられている。維持補修費用については，点検によって確認された損傷に応じて，工学的・経済的に有利とされる工法と標準的な単価から算定される。橋梁の資産価値に関しては，部材ごとに判定された状態に対して資産価値の低下率を乗じ，部材ごとの現在の資産価値を算定した上で，橋梁全体について，その総和を求め，現在の橋梁の資産価値としている。さらに，現在の橋梁の資産価値と建設時の橋梁の資産価値との比を橋梁健全度指数（BHI：Bridge Health Index）としている。

我が国でも，国土交通省や地方自治体及び高速道路会社において，橋梁マネジメントシステムの試行や導入が図られている。国土交通省では，2005年度か

13.2 橋梁マネジメントシステム

ら直轄国道の橋梁を対象として短期的な管理計画の策定支援に活用することを目的として，橋梁マネジメントシステムが試行的に運用されている[2]。同システムは，理論的な予測式や点検結果の統計分析から劣化が進行している，又は，近い将来に劣化が進行する可能性が高い橋梁を抽出し，対策の実施を判断するための情報を提供することにより，補修計画策定を支援するためのものとなっている。

また，青森県で採用されている橋梁マネジメントシステムは，次の5ステップから構成されている[3]。

ステップ1：基本戦略の策定
予算目標や管理目標を設定する。
ステップ2：個別橋梁の戦略の策定
個別橋梁に対する劣化予測やシナリオ別のライフサイクル費用の算定を行う。
ステップ3：中長期予算計画の策定
全橋梁のライフサイクル費用を集計し，予算目標や管理目標等を考慮し，予算の平準化を行う。
ステップ4：中期事業計画の策定・事業実施
ステップ3で決定した中長期予算計画に基づき，中期事業計画を策定し，事業を実施する。
ステップ5：事後評価
事後評価により，橋梁マネジメントシステムの進行管理や必要な見直しを行う。

上記ステップ2の劣化予測では，理論式や経験式に基づく劣化曲線が環境条件に応じて複数設定されており，さらに，点検結果を考慮して，劣化曲線を修正することにより劣化予測の精度向上が図られている。また，ライフサイクル費用の算定においては，橋梁ごとにあらかじめ複数の管理目標が設定され，それにより予防保全から事後保全までの種々の対策メニューの選択が可能となり，ライフサイクル費用を最小化するような戦略が策定される。

13.2.2 橋梁マネジメントシステムの事例（KYOTO-BMS）[4],[5]
（1）KYOTO-BMSの構成

本橋梁マネジメントシステムは，**図13−1**に示すように，1）データの管理を行う台帳システム，2）橋梁の補修を計画し，記録するアセットマネジメントシステム，3）補修実績を記録し，橋梁の維持補修予算を管理する管理会計システム，の3つのサブシステムから構成されている。さらに，2）のアセットマネジメントシステムは，a）長期的な維持管理計画を策定するため，4つ

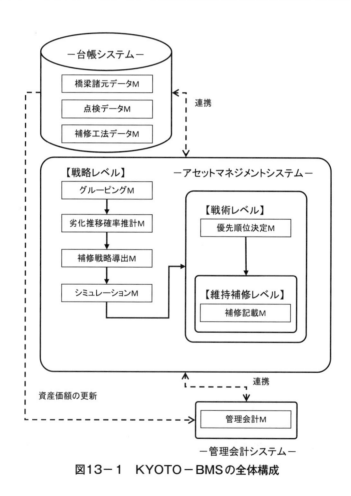

図13−1　KYOTO−BMSの全体構成

13.2 橋梁マネジメントシステム

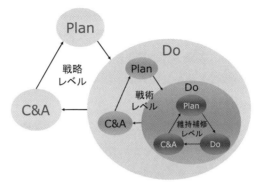

C&A : Check and Action

図13-2　階層的アセットマネジメントサイクル

のモジュールにより構築される戦略レベル，b）戦略レベルのアウトプットを基に，中期的な補修優先順位を決定する戦術レベル，c）単年度ごとの補修実施状況を記録するための維持補修レベル，の3つのレベルから構成される階層的なアセットマネジメントサイクルとなっている（**図13-2**参照）。なお，第7章ではインフラ資産の劣化過程を健全度の観点から論じているが（例えば，**図7-1**），以下，本節では損傷度を用いることとする。これは，KYOTO-BMSで入力データとして用いている橋梁の点検結果が損傷度の観点から評価・区分されていることによる。

図13-1の中で，戦略レベルでは，橋梁部材ごとの最適補修戦略及び橋梁システム全体としての補修戦略が検討される。その際，各橋梁の現況及び重要度やその供用条件等に基づいて，各橋梁の維持補修戦略が検討され，その結果に基づいて橋梁がグルーピングされる（グルーピングモジュール）。その分類されたグループごとに，例えば，予防的補修戦略や事後的補修戦略といった橋梁の維持補修戦略，さらには具体的な補修工法が決定される。橋梁部材の損傷度の推移は，劣化予測モデルとしてマルコフ連鎖モデルで表現される。この劣化予測モデルは定期点検によって取得された点検データに基づき部材ごとに推計される（劣化推移確率推計モジュール）。推計によって導出した状態推移確率行列から，マルコフ決定モデルを用いて最適補修戦略が求められる（補修戦

略導出モジュール）．さらに，複数の橋梁部材から構成される橋梁システム全体又は橋梁特性によって分類されたグループを対象とした劣化・補修過程のシミュレーションを行い，各期予算や損傷度分布状況の推移をシミュレートすることにより，グループごとの最適戦略の決定や目標予算，管理基準等を決定する（シミュレーションモジュール）．

戦術レベルでは，戦略レベルで導出されたアウトプットを用いて中期的に優先的に補修を実施すべき対象箇所が選定される（優先順位決定モジュール）．新たに定期点検が実施され，新たに取得した損傷度から，より詳細な調査を実施すべき橋梁や早期に補修を実施すべきと判断される橋梁が新しいカテゴリーに分類される．定期点検の結果による損傷度判定や予算目標等の条件から，中期的に補修を実施すべき橋梁とその優先順位が検討される．補修の優先順位は，損傷度のみではなく，橋梁の重要性や管理瑕疵に対するリスク等の様々な指標により総合的に判断される．

維持補修レベルでは，単年度の予算制約のもと，戦術レベルによって決定された優先順位に従って補修が実施される．補修が実施された箇所については，補修記録として情報が蓄積されるとともに，中期の補修リストから削除され，次年度の計画に反映される（補修記録モジュール）．さらに，当該年度に実施された実績は，管理会計システムにて実施状況として記録される．

（2）KYOTO-BMSの概要
（a）台帳システム

台帳システムは，管理下にある橋梁の基本諸元情報や点検データ，基本となる補修工法に関する情報等を一括して管理するシステムであり，3つのモジュールを内包している．本システムにより，個別橋梁の詳細を確認するとともに，データの追加更新，削除等を行うことが可能である．

1）橋梁諸元データモジュール

橋梁諸元データモジュールは，国土交通省が管理する「MICHI」データベースから橋梁マネジメントに必要な項目を抽出するためのインターフェースを搭載している（図13-3参照）．橋梁諸元データモジュールは，後述するアセッ

13.2 橋梁マネジメントシステム

トマネジメントシステム及び管理会計システムで利用するための橋梁の基本情報を生成し，橋梁諸元データを劣化推移確率推計モジュール用，シミュレーションモジュール用，管理会計モジュール用として，それぞれ出力するものである。

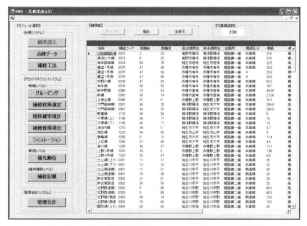

図13－3　橋梁諸元データモジュール画面

2）点検データモジュール

　点検データモジュールでは，点検結果の一覧を確認することができる。点検が実施された後に，橋梁部材ごとの点検結果の情報（点検日，橋梁名，部材，損傷形態，損傷度等）を追加・更新し，アセットマネジメントシステム，管理会計システム用のデータベースに反映する。ここで，損傷度については，1988年の橋梁点検要領（案）[6]に従い，**表13－1**に示すように，5段階に区分されている。

3）補修工法データモジュール

　補修工法データモジュール（**図13－4**参照）は，橋梁システムを構成する部材に対して適用される補修工法の基礎情報を格納するものである。橋梁部材や損傷度ごとに設定された補修工法に関する情報を確認することができる。補修工法データとしては，補修工法名，部材区分，損傷形態，損傷度，単価，特記事項等をインプットできる。また，新たな補修工法が開発，導入された場合には，それらの新情報の追加・削除・変更を本モジュールで行うことができる。

221

第13章 アセットマネジメントの適用事例 橋梁

表13－1 損傷度判定標準

判定区分	一 般 的 状 況
OK	点検の結果から，損傷は認められない
Ⅳ	損傷が認められ，その程度を記録する必要がある
Ⅲ	損傷が認められ，追跡調査を行う必要がある
Ⅱ	損傷が大きく，詳細調査を実施し補修するかどうかの検討を行う必要がある
Ⅰ	損傷が著しく，交通の安全確保の支障となる恐れがある

図13－4　補修工法データモジュール画面

（b）アセットマネジメントシステム

　アセットマネジメントシステムでは，台帳システムから提供されるデータを基に，マネジメントに有用な各種情報が導出される。まず，戦略レベルのマネジメントでは，グルーピングモジュールによって，管理する橋梁システム全体を管理の戦略に従って分類する。ここで分類設定したグルーピングに従い，劣化推移確率の推計や劣化・補修過程のシミュレーション等の分析がグループごとに実施される。

　次に，戦術レベルのマネジメントでは，中期的に優先的に補修すべき対象部

材を選定する。優先順位の決定手法としては，費用便益分析の他，路線の重要度など複数の決定ルールを任意に選択できる。

　維持補修レベルでは，戦術レベルにおいて決定した優先順位（中期的に補修すべき箇所のリスト）に従って補修を実施した履歴が記録される。補修が完了した部材は，補修対象箇所リストから削除される。

1）グルーピングモジュール

　管理下にある橋梁を管理や運用方針によりグルーピングするモジュールである。また，所属グループの変更，グループ名の変更，新たなグループの登録等を行うことができる。後述する最適補修戦略の導出やシミュレーションは，本モジュールで設定したグループごとに実施される。

2）劣化推移確率推計モジュール

　点検データモジュールから提供された点検データをインプット情報として，**図13－5**に示すような，状態推移確率行列を推計するモジュールである。推計には，橋梁部材の劣化過程をマルコフ状態推移確率行列で表現するモデルを用いている。推計に必要なデータは，点検調査年月日及び損傷度である。さらに，劣化に影響を及ぼす説明変数を任意にインプットデータとして追加し推計することにより，モデルに影響を与えている説明変数の感度分析を行うことができる。劣化推移確率は分類したグループ単位で推計することができ，このように推計した結果は，離散的な損傷度間の状態推移確率行列として導出される。ただし，ハザードモデルによる劣化推移確率の推計は，ある程度の点検データの蓄積を前提としており，点検データが蓄積されていない部材については，本モデルによって推計することはできない。そこで，この場合の対処法として，当該部材の損傷度に対する期待寿命から，マルコフ劣化推移確率を計算する機能を搭載している。

	OK	Ⅳ	Ⅲ	Ⅱ	Ⅰ
OK	0.9048	0.0927	0.0023	0.0000	0.0000
Ⅳ	0.0	0.9512	0.0477	0.0010	0.0000
Ⅲ	0.0	0.0	0.9574	0.0417	0.0007
Ⅱ	0.0	0.0	0.0	0.9636	0.0363
Ⅰ	0.0	0.0	0.0	0.0	1

注）適用事例においてコンクリート床版のひび割れ損傷について推計を行った結果。

図13−5　劣化推移確率推計モジュール画面

3）補修戦略導出モジュール

　橋梁部材ごとに，劣化推移確率推計モジュールにより推計された劣化推移確率と補修工法データモジュールにより設定された補修工法データを用いて，最適補修戦略を導出するモジュールである（**図13−6**参照）。最適化手法として，平均費用最小化モデル及び割引現在価値最小化モデルの2つの異なる評価手法を搭載し，任意に選択することができる。分析によって導出される情報は，双方の最適化手法による各損傷度に対応した最適補修戦略，平均費用，相対費用，ライフサイクル費用等である。また，本モジュールは，最適補修戦略に加えて，劣化が進行しないうちに補修を行う予防補修戦略，劣化がある程度進行してから補修を行う事後補修戦略，又は任意の補修戦略といった種々の補修戦略に対応している。

4）シミュレーションモジュール

　導出された最適補修戦略及び状態推移確率行列を基に，橋梁部材の劣化・補修過程をシミュレートし，各期の補修需要の予測，必要予算などを分析するモジュールである。シミュレーションの条件として，シミュレーション期間(年)，年間予算の制約条件，モンテカルロ法により擬似乱数を発生させる回数等を設定する。シミュレーションの結果は，経年的な損傷度分布，各期の費用推移を部材ごと又は全部材について合計した値として，グラフによって示すことによ

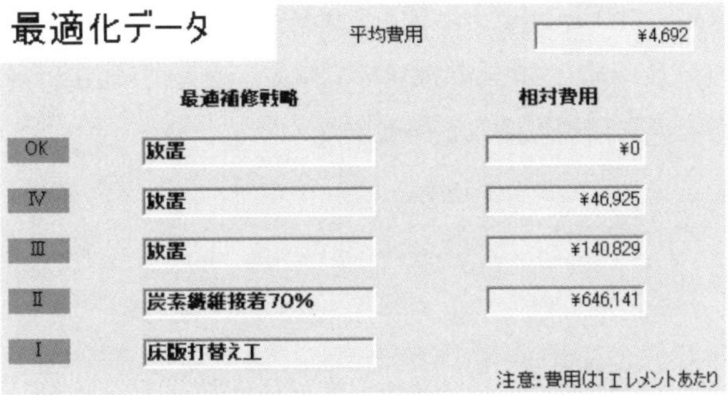

13.2　橋梁マネジメントシステム

最適化データ

平均費用　¥4,692

	最適補修戦略	相対費用
OK	放置	¥0
IV	放置	¥46,925
III	放置	¥140,829
II	炭素繊維接着70%	¥646,141
I	床版打替え工	

注意：費用は1エレメントあたり

注）適用事例においてコンクリート床版について平均費用最小化モデルによって最適補修戦略を求めた結果。

図13－6　補修戦略導出モジュール画面

り視覚的に表現することができる。また，予算制約によってシミュレーション期間内に補修を実施した数量及び補修が繰越された部材の数量を計算する機能を有している。損傷度がⅠ（最も劣化が進展した状態）にもかかわらず予算制約によって補修が繰越された部材の数量をカウントし，アラート機能として表示する。また，費用便益分析によって補修の優先順位を決定し，優先的に補修を行う部材のリストを一覧として表示する。

5）優先順位決定モジュール

　優先順位決定モジュールは，戦略レベルにおけるシミュレーション結果を基に，中期的（次回点検時まで）に補修を行うべき対象箇所を優先順位付けしてリストアップするモジュールである。

6）補修記載モジュール

　補修記載モジュールでは各会計年度において補修が実施された箇所（橋梁部材）が記録される。また，補修が実施された橋梁部材は補修対象箇所リストから削除される。

（c）管理会計システム

　アセットマネジメントシステム及び台帳システムによるデータ（主に橋梁諸元データと補修実施データ）より，橋梁の維持補修に必要な予算を自律的に取得するための管理会計情報を作成するシステムである（**図13－7**参照）。前年

度末の個別橋梁会計データをインプットデータとして,当該会計年度における固定資産(再調達価額),繰延維持補修引当金,維持補修引当金繰入額,不足維持補修引当金繰入額等の情報を提供する。

図13-7 管理会計モジュール画面

(3) 適用事例

橋梁マネジメントシステムの適用事例として,国土交通省の事務所が管理する約230橋の橋梁に対して本橋梁マネジメントシステムを適用した事例を示す。同事務所では橋梁の点検が定期的に実施されており,その点検結果はデータベースとして蓄積されている。対象とした損傷は,コンクリート床版及びコンクリート桁のひび割れ損傷,並びに鋼桁の塗装劣化である。

一例として,コンクリート床版のひび割れ損傷に関して,過去の点検データから劣化推移確率を推計した結果を示したものが図13-5である(劣化推移確率推計モジュール)。さらに,コンクリート床版のひび割れ損傷に関して平均費用最小化モデルにより導出した最適補修戦略が図13-6である(補修戦略導出モジュール)。同図には,1部材当たりの平均費用及び損傷度ごとに定義された相対費用を併記している。これらの条件のもと,コンクリート床版,コンクリート桁及び鋼桁の3部材について劣化・補修過程のシミュレーションを実施した(シミュレーションモジュール)。なお,以下の結果はシミュレー

ション期間を40年とし，モンテカルロ法により20回の試行を行ったものである。シミュレーション回数は任意に設定できるが，試行の結果，シミュレーション回数20回程度で安定した結果が得られている。まず，毎年の予算が2億円ずつ計上されるものと仮定してシミュレーションを行ったときの経年的損傷度分布図を**図13－8（a）**に示す。これによると，シミュレーション期間内では最も悪い損傷度Ⅰの状態が出現することはなく，長期にわたり当該部材が健全に維持されるという結果が示されている。一方，毎年の予算が1.75億円ずつ計上されるものと仮定してシミュレーションを行った結果を**図13－8（b）**に示す。これによると，損傷度Ⅰの状態が次第に出現し始め，計上された予算では長期にわたって当該部材の健全な維持補修を行うことが難しいことが示唆される。

以上の要領でシミュレーションを繰り返し，それらの結果を分析することにより，当該部材に関しては補修費として1.85億円から2億円の間で管理されるのが望ましいことが推察された。このような手順にて，アセットマネジメントシステム内の戦略レベルに位置する各モジュール（**図13－1**参照）により，予算管理水準を始めとした長期的なマネジメント案が策定される。

次に，長期的なマネジメント案と当該部材の現在の点検結果を考慮した上で，中期的な補修リストを作成する(優先順位決定モジュール)。本モジュールでは，費用対効果により優先順位を自動的に決定することができる。その上で，管理者により現実のマネジメント手法と照らし合わせて補修リストの優先順位を調整する。

さらに，維持補修業務が実施されれば，その実施状況はデータベースに記載され（補修記載モジュール），補修リストの更新が行われ，効率的な維持補修業務の実施を支援することが可能である。

また，会計年度が終了するごとに，アセットマネジメントシステムや台帳システムにより蓄積されたデータを反映し，管理会計が構築される（管理会計モジュール）。当該部材のストック価値や補修需要の積み残しを定量的に把握することが可能となり，維持補修計画の見直しを行う際の指標とすることができる。

第13章　アセットマネジメントの適用事例　橋梁

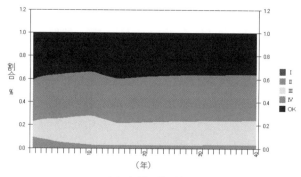

（a）年間予算2億円

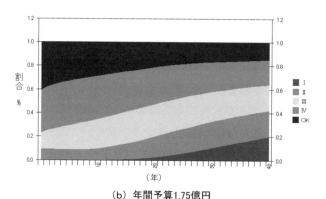

（b）年間予算1.75億円

図13-8　経年的損傷度分布図

　以上で紹介したKYOTO-BMSは，その特徴の1つとして，現場において観測された点検データや補修履歴を用いて劣化曲線を推計するためのマルコフ劣化ハザードモデルを搭載している。同モデルを用いて推計された劣化曲線は，ライフサイクル費用評価において重要な役割を果たしている。点検データを用いて推計された劣化曲線は，第7章で説明したような統計的劣化曲線であり，対象とするインフラ資産の物理的劣化特性だけでなく，初期時点の施工状態やアセットマネジメントの成果を反映した劣化曲線である。このような統計的劣化曲線は，アセットマネジメントを実施する上で重要な役割を果たすが，読者の理解を深めるために，次節では劣化曲線の適用事例について，さらに詳細に

13.3 部材の劣化予測

13.3.1　RC床版の統計的劣化予測

　具体的な適用事例を通して，第7章で紹介した劣化予測技術（マルコフ劣化ハザードモデル[7]）の有効性を実証的に検証する。**表13−2**は，米国ニューヨーク市（以下，NY市）の橋梁RC床版に対する目視点検の評価基準である[8]。目視点検の結果は，健全度1から7の整数値で評価される。NY市では約10年間に渡って，このような目視点検の結果（サンプル）が32,902個蓄積されている。また，条件による劣化の相違を表現するための特性変数として，交通量x_2と床版面積x_3を採用した。ここで，本研究では，x_2, x_3ともに32,902サンプル中の最大値が1となるようにそれぞれ基準化した値を用いた。なお，x_2, x_3以外の情報を特性変数として追加することは容易ではあるが，NY市のデータベースの制約上の問題と，未知パラメータの増加に伴う推計精度の低下を考慮して，最終的に交通量と床版面積の2変数に留めた。

　7段階の健全度評価であるので，7.2.3で示したハザード率は6つ設定されることになる。例えば，ハザード率θ_1は健全度1から2へ推移する際のハザード率を表している。交通量x_2と床版面積x_3の影響を考慮した床版k ($k=1, \cdots, K$)の健全度i ($i=1, \cdots, 6$) におけるハザード率を具体的に記述すると，

$$\theta_i^k = \exp(\beta_{i,1} + \beta_{i,2} x_2^k + \beta_{i,3} x_3^k) \quad (i=1, \cdots, 6, \ k=1, \cdots, K) \quad (13.1)$$

と定義できる。ここで$\beta_{i,1}$は定数項であり，定数項には劣化過程の共通要因が集約されていると考えてよい。共通要因では説明できない劣化の不確実性を表現するために，特性変数が採用される。さらに，上式の構成から読み取れるように，$\beta_{i,2}$と$\beta_{i,3}$は，交通量x_2と床版面積x_3が劣化速度（ハザード率）に及ぼす影響の強さを表すパラメータとなっている。

表13-2　RC床版の健全度評価基準[2]

健全度	物理的意味
1	新設状態，劣化の兆候がほとんどみられない
2	1と3の中間
3	一部分で漏水が確認できる （漏水を伴う一方向ひび割れ，端部で斑点状の漏水）
4	3と5の中間
5	床版面積75％以上から漏水が確認できる 一部分で剥離や剥落が確認できる
6	5と7の中間
7	深刻な剥落や遊離石灰が確認できる 抜け落ちやその傾向が確認できる

＊実際のNY市の健全度は，7が新設で，1が使用限界である。

　最尤法を用いて，これらの未知パラメータを推計した結果を**表13-3**に示す。表中の数値が未知パラメータの最尤推計量や対数尤度であり，括弧内の数値はそれぞれの未知パラメータに対する尤度比検定統計量である。未知パラメータによっては，推計値が存在しないケース（-で表示しているケース）もあるが，これは当該特性変数がRC床版の劣化過程に及ぼす影響は有意ではないと判断されたことを意味している。その判断根拠を示すものが尤度比検定統計量であり，今回の解析では尤度比検定統計量が絶対値で1.96を下回る特性変数は信頼度95％で棄却されている。検定統計量としてはt-検定によるt-値なども一般的である。したがって，このような検定統計量を判断指標とすることによって，例えばNY市の場合では，交通量や床版面積以外を特性変数として採用しても，その特性変数が劣化過程に及ぼす影響が有意であるか否かを定量的に判断することができる。記述が前後するが，実際に今回の解析で交通量と床版面積という2変数に絞り込む過程においては他の特性変数も含めてこのような検定を実施した。**表13-3**から具体的に読み取れる事項として，劣化の初期段階においては，床版面積が大きい床版ほど劣化の進展が早い反面，交通量は劣化過程に影響を及ぼさない。しかし，劣化の中期以降（健全度3以降）で

は交通量の影響が床版面積と比較して大きくなる。

表13-3 マルコフ劣化ハザードモデルの推計結果

健全度	定数項 $\beta_{i,1}$	平均交通量 $\beta_{i,2}$	床版面積 $\beta_{i,3}$
1	-1.1007	—	2.8977 (7.6)
2	-1.5071	—	3.2029 (70.1)
3	-1.9730	0.6969 (63.2)	—
4	-2.4399	0.8451 (44.2)	0.5129 (13.4)
5	-2.3233	—	—
6	-1.9510	1.5439 (15.8)	—
対数尤度	-20,062		

＊括弧内は尤度比検定統計量であり，その値が絶対値で1.96を下回る特性変数を棄却した。

期待劣化パスを**図13-9**に示す。図中の太線が全32,902サンプル中の平均値を示しており，特にベンチマークと呼ぶ。ベンチマークで確認すると，NY市のRC床版の期待寿命（健全度1から健全度7に到達する期間）は約40.55年である。なお，当然ながら，ベンチマークの算出に当たり，交通量x_2と床版面積x_3には，それぞれの平均値0.2266, 0.0431を用いている（いずれも最大値が1となるように基準化）。次に床版面積を0.0431に固定したままで，交通量のみを最小値，平均値の0.3倍，平均値の3倍，最大値に変動させることで，交通量の多寡による期待劣化パスの変動を定量的に評価することができる。その解析結果を**図13-9**に併記している。同図より，NY市のRC床版の寿命は交通量により30年から45年まで変動することが読み取れる。

以上は，目視点検データに基づいて劣化曲線を算出した一事例である。**図13-9**に示した期待劣化パスはNY市固有の期待劣化パスであり，別の都市においては，期待劣化パスや期待寿命が変動する可能性や，採用する特性変数が変化する可能性もある。統計的手法により，劣化メカニズムの解明や，普遍的な劣化予測式の構築を行うことはできないが，管理者独自の期待劣化パスや，劣化要因に関する統計分析を行うことができる。アセットマネジメントへの適用という過程を通して，目視点検が単にインフラ資産の劣化・損傷箇所を抽出するための行為だけでなく，アセットマネジメントを稼働させるための基礎情報の収集手段として位置付けられることがわかる。

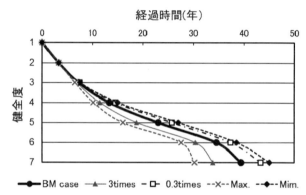

＊床版面積を平均値で固定したときの交通量の多寡による期待劣化パスの変動を示す。BMはベンチマークで交通量は平均値を採用している。3timesと0.3timesは交通量の平均値に対する値である。BMの期待寿命は40.55年で，交通量による不確実性により寿命が15年程度変動する。

図13-9　RC床版の期待劣化パス

13.3.2　異質性の相対評価とベンチマーキング

インフラ資産の劣化過程は不確実であり，2,3の特性変数では記述できないほどに多様に異なる。ここでは劣化過程に含まれる個々のインフラ資産の特性を異質性と定義する。異質性評価の実例として，再びNY市の橋梁RC床版を対象とした劣化予測を行う。異質性を考慮した混合ハザード率[9]は，

13.3 部材の劣化予測

$$\theta_i^k = \tilde{\theta}_i^k \varepsilon^k \tag{13.2}$$

で与えることができる。ここで，$\tilde{\theta}_i^k$は**7.2.3**で定義したハザード率であり，混合ハザード率と区別するために標準ハザード率と呼ぶこととする。一方，ε^kは異質性パラメータであり，インフラ資産個々，あるいは評価単位とするグループ個々に設定される変数である。混合ハザードモデルやその推計方法の詳細は参考文献9）に譲る。

実際にNY市の目視点検データを用いて統計的に推計されたRC床版の劣化曲線を**図13－10**に示す。今回の解析では同一橋梁のRC床版の異質性は同一であると仮定したために，異質性パラメータは橋梁数と同数の1,481個となった。同図は1,481橋分のRC床版の1,481本の期待劣化パスを示している。**図13－9**に示したマルコフ劣化ハザードモデルによるRC床版の劣化予測においては，交通量の変動による期待寿命の不確実性は約15年であった。一方，**図13－10**の異質性を考慮した際の変動は，100年以上となっている。したがって，混合マルコフ劣化ハザードモデルによる劣化予測結果がより実際の目視点検データを反映した予測結果を与えうることが理解できる。さらに，これまで統計的劣化予測手法は管理対象となるインフラ資産群のマクロな劣化予測に適していると言われてきたが，同図から理解できるとおり，現在では橋梁個々（全1,481橋）のミクロな劣化過程を推計することが可能となっている。例えば，**図13－10**に示した橋梁AとBに着目されたい。橋梁Aは全橋梁中で最も劣化の進行が早い橋梁であり，一方の橋梁Bは**図13－9**のベンチマークとほぼ同じ期待寿命（40.55年）を有する。ただし，橋梁AとBでは交通量と床版面積はほぼ同じである。説明変数の値が同じ場合には，**図13－9**のマルコフ劣化ハザードモデルでは同じ劣化過程を取らざるを得ない。しかし，混合マルコフ劣化ハザードモデルでは橋梁個々のミクロな異質性を表現することが可能である。**図13－11**のように，実際に橋梁AとBの劣化曲線を取り出して，それぞれの目視点検データと比較すると，混合マルコフ劣化ハザードモデルの実データとの整合性を確認することができる。太線は劣化曲線，その他の線は目視点検データを表す。

第13章　アセットマネジメントの適用事例　橋梁

1,481橋個々に設定された劣化速度の相対評価を**図13－12**に示す。横軸は標準ハザード率，縦軸は異質性パラメータを表す。ここで，標準ハザード率は構造諸元，使用・環境条件に応じた劣化速度である。また，標準ハザード率に関しては，式（13.1）に基づいて算出するが，交通量x_2と床版面積x_3が極めて小さい値を取る場合であっても，定数項$\beta_{i,1}$が残るために下限値（今回の場合は約0.85）が存在することがわかる。異質性パラメータは標準ハザード率で考慮される特性変数を勘案してもなお存在する個々の構造物に特有の劣化を表現する変数であり，非負の値を取る。単純化して述べれば，**図13－10**のRC床版の健全度が3から4に移行するときの劣化速度が，標準ハザード率と異質性パラメータの積で定義され，積の値が大きいことは劣化が速いことを意味する。例えば，**図13－12**中で異質性パラメータの値が突出して大きいRC床版（約4.2）が存在するが，このRC床版の劣化速度（標準ハザード率と異質性パラメータの積）は全RC床版の中で最大値を示し，**図13－10**で劣化が最も早い曲線に対応している（橋梁A，期待寿命8年）。**図13－12**中の実線と破線は劣化速度の95％と50％（平均的な劣化速度）のラインを示す。95％ラインより上に位置するRC床版（劣化が早い上位5％）を特定して，共通要因を見出す

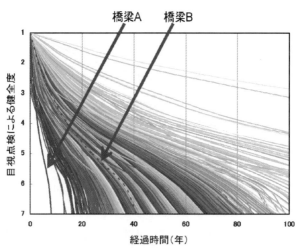

図13－10　橋梁別のRC床版の劣化曲線

13.3 部材の劣化予測

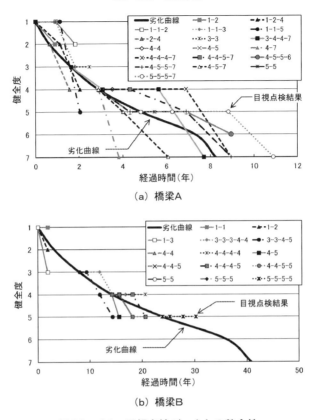

図13-11 目視点検データとの整合性

ことができれば，その解決策が新たな長寿命化技術につながる可能性がある。また，50％ラインより上に位置するRC床版は少なくとも平均的な劣化よりも劣化が速いと言えるので，長寿命化の検討候補となる。一方で，ある工法で補修したRC床版が50％ラインより下に位置するか否かを検証することで，長寿命化の効果を図ることもできる。仮に，同図の最も左下に位置するような補修後のRC床版が存在すれば，その補修工法が長寿命化のベストプラクティスとなり，それ以降の長寿命化技術の目標となる。以上は，先端的な劣化予測モデルを利用した劣化速度の相対評価であるが，補修効果や長寿命化効果の検証な

ど，従来は評価が困難であったものを視覚化することが可能となっている．

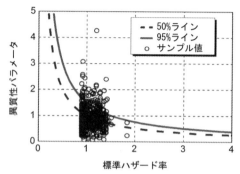

図13－12　ハザード率の相対評価とベンチマーク

13.4　おわりに

本章では，橋梁に関するアセットマネジメントの適用事例として，橋梁の部材の劣化予測及び橋梁マネジメントシステムについて概要を述べた．橋梁マネジメントシステムに関しては，日米両国における開発・運用動向について述べるとともに，システムの一例として，京都大学で開発されたKYOTO-BMSの概要について紹介した．KYOTO-BMSはマルコフ劣化ハザードモデルを基幹技術として採用し，目視による橋梁の定期点検データを活用するとともに，ライフサイクル費用の評価・最適化手法として，割引現在価値最小化モデルに加えて平均費用最小化モデルを選択することができるといった特徴を有する．

さらに，橋梁マネジメントシステムを構成する重要な要素技術であるマルコフ劣化ハザードモデルについて詳細に説明するために，具体的な橋梁部材としてRC床版に着目して，マルコフ劣化ハザードモデルの推計事例を紹介した．さらに，推計したモデルを用いて期待寿命と期待劣化パスを算出するとともに，個々のRC床版に介在する劣化過程の異質性を相対評価するためのベンチマーク分析結果についても説明した．KYOTO-BMSやそれを構成する要素技術は既に多くの橋梁マネジメントシステムにおいて利用されているが，現場におけ

る点検・補修結果を用いて，橋梁アセットマネジメントのPDCAサイクルを機能させる上で重要な役割を果たしている。

参考文献

1）AASHTOWare Bridge Management software：
http://aashtowarebridge.com/
2）国土技術政策総合研究所：道路橋の計画的管理に関する調査研究－橋梁マネジメントシステム（BMS）－，国土技術政策総合研究所資料，第523号，2009.
3）川村宏行：青森県橋梁アセットマネジメントの取り組み，建設マネジメント技術，通巻360号，pp.56-60, 2008.5.
4）青木一也，若林伸幸，大和田慶，小林潔司：橋梁マネジメントシステムアプリケーション，土木情報利用技術論文集，Vol.14, pp.199-210, 2005.
5）新都市社会技術融合創造研究会：インフラ資産評価・管理の最適化に関する研究プロジェクト報告書，2006.
6）建設省土木研究所：橋梁点検要領（案），土木研究所資料，第2651号，1988.
7）津田尚胤，貝戸清之，青木一也，小林潔司：橋梁劣化予測のためのマルコフ推移確率の推計，土木学会論文集，No.801/I-73, pp.69-82, 2005.
8）State of New York, Department of Transportation：Bridge Inspection Manual 2014, 2014.
9）小濱健吾，岡田貢一，貝戸清之，小林潔司：劣化ハザード率評価とベンチマーキング，土木学会論文集A, Vol.64, No.4, pp.857-874, 2008.

第14章　アセットマネジメントの適用事例　下水道

14.1　はじめに

　現在のところ，我が国におけるインフラ資産のアセットマネジメントにおいて，ISO55000シリーズが最も大きな影響を及ぼしているのが下水道の分野といえるだろう。2015年初めまでに，国土交通省の支援のもと，仙台市建設局の下水道事業部門と愛知県の流域下水道事業部門が，下水道管理者としてISO55001に基づく第三者認証を取得した。海外でも，下水道に水道を加えた上下水道の分野でISO55000シリーズの市場が拡大しつつある。英国の上下水道事業会社スコティッシュ・ウォーター（Scottish Water）とアングリアン・ウォーター（Anglian Water）が2014年に，また，香港政府の下水道事業体である排水サービス部（Drainage Services Department）が，2015年5月にISO55001に基づく第三者認証を取得した[1]。

　我が国の下水道分野に対するISO55000シリーズの影響は，事業体の認証だけに留まらない。アセットマネジメントは，10年ほど前から国土交通省の下水道行政の大きな関心テーマであった。今，国の下水道行政はアセットマネジメントを軸に大きく変わろうとしている。そして，その基本理念をISO55000シリーズが提供しているといえる。したがって，本章では下水道におけるアセットマネジメントを紹介するに当たり，ISO55000シリーズに準拠したアセットマネジメントのプロトタイプを示したいと考える。もとより，ISO55001はアセットマネジメントが具備すべき要求事項を示したものであり，具体的なマネジメント技術を規定するものではない。したがって，本章で紹介するアセットマネジメントは1つの事例を示しているに過ぎないことを断っておく。

第14章 アセットマネジメントの適用事例 下水道

14.2 アセットマネジメント導入政策

14.2.1 これまでの動き

　我が国の下水道政策において，アセットマネジメントが強く意識されたのは，2006年頃からであった。2008年3月に国土交通省は，「下水道事業におけるストックマネジメントの基本的な考え方（案）」[2]を公表した。当時は，ISO55000シリーズを開発する国際標準化機構ISOのプロジェクト委員会ISO/PC251がスタートする前であり，飲料水と下水サービスに関する専門委員会ISO/TC224で上下水道に関するアセットマネジメントのガイドライン規格づくりが始まった頃と重なる。既にIWA（国際水協会）の専門家グループが，欧州を中心に上下水道のアセットマネジメントの研究を進めており，その成果がISO/TC224での規格開発提案につながるのであるが，我が国では専ら実務的観点から民間コンサルタント等が，USEPA（米国環境保護庁）の研修用資料[3]やIIMM（国際インフラマネジメントマニュアル）[4]等を参考に勉強する取組みが行われていた。

　2009年度に国土交通省は，他の多くの公共施設に先駆けて，地方公共団体の「下水道長寿命化計画」を策定するとともに，同計画に基づく計画的な改築・更新を財政的に支援する「下水道長寿命化支援制度」を設けた。その後，ストックマネジメントの方法論について，2013年に「ストックマネジメント手法を踏まえた下水道長寿命化計画策定に関する手引き（案）」[5]が公表された。

　2014年9月に（公社）日本下水道協会から発刊された改訂版「下水道維持管理指針」[6]では，現場から積み上げてきた管理技術を基本としつつも，今後の管理・運営の手法として現場からも期待されているアセットマネジメント手法を盛り込むべく，新たに「マネジメント編」が加えられた。ここでは，「維持・修繕」から「改築（長寿命化対策）」までを維持管理指針に含めることとされ，管理目標に基づく計画的維持管理等，ISO55000シリーズの考え方が随所に取り入れられている。この指針は，従来から我が国の下水道事業に携わる実務者に広く活用されており，下水道事業へのアセットマネジメントの導入，普及のために大きな効果が期待されている。

14.2.2 下水道事業管理計画制度

2015年2月に国土交通省の社会資本整備審議会は,「新たな時代の下水道政策のあり方について」の答申[7]を行った。この答申では,「『施設(モノ)』の管理のみならず,それらを持続的に提供していくための『管理体制(人)』,『経営(カネ)』も重要な要素として一体的にとらえ最適化するアセットマネジメントを確立するべきである」とされた。また,そのための具体的施策として,①下水管渠に関する管理基準の確立,②下水道事業管理計画の策定,③下水道全国データベースの構築,④広域的な連携のための協議会の設置,⑤事業管理の補完制度の確立,⑥民間企業による補完のための環境整備,⑦日本下水道事業団による管渠の建設・維持管理,⑧財政支援制度の確立等が掲げられている。この答申に即して,2015年春の通常国会において下水道法等の改正が行われた。直接の改正事項に下水道事業管理計画制度が盛り込まれているわけではないが,下水管渠に関する管理基準の確立を始めとする法律改正を契機とした国の新たな政策展開によって,全国の下水道事業にアセットマネジメントを導入するための制度的基盤が整えられたといえる。

下水道事業管理計画制度のイメージ[8]を**図14−1**に示す。この図は,アセットマネジメントに必要な要素及び各要素間の関係性を明確にし,日々の実践活動の中でPDCAサイクルが回り,効率的かつ安定的に下水道事業が継続していくための仕組みを示している。アセットマネジメントに必要な要素としては,「事業管理計画」,「データベース」,「ベンチマーク」,及び「補完体制」が掲げられている。また,各要素の関係性を明確にするため,管理体制・施設管理・経営管理という3つの輪を持つ三輪車になぞらえ,この三輪車を駆動するギアを,P(事業管理計画の策定),D(事業実施・情報のデータベース化),C(ベンチマークによる事業成果の評価),A(事業管理計画の見える化)で回る歯車と位置付けてある。さらに三輪車が前に進むように一緒にペダルをこぐ人(補完者)や,後押しする人(支援者)を確保するという補完体制構築の施策も示されている。このPDCAを回すことで,下水道事業のサービス水準を継続的に改善することが,下水道事業管理計画制度の狙いである[8],[9]。このよう

第14章 アセットマネジメントの適用事例 下水道

な取組みは，近年主要な先進諸外国の下水道事業でも共通して取り入れられているものであり，ISO55000シリーズが意図するアセットマネジメント，アセットマネジメントシステムとも整合するものである。

上記の趣旨から国土交通省では，ISO55001の下水道事業への適用について検討を行い，2014年度に「下水道分野におけるISO55001適用ユーザーズガイド（案）」（以下，本章では「ユーザーズガイド」という）を策定し，国土交通省のウェブサイトに公表した[10]。ユーザーズガイドは，本章の冒頭で紹介した仙台市及び愛知県の下水道事業の認証プロセスで得られた知見や他の下水道事業体，学識者等の意見を参考に，下水道分野におけるISO55001認証取得に必要な体制，取組み，文書等を解説したものである。多くの地方公共団体が策定している下水道ビジョンや経営計画，さらに事業計画や長寿命化計画などに基づく現状のマネジメント活動が，どの程度ISO55001の要求事項を満足し，不足している要素は何かという観点から，ユーザーズガイドでは，規格の要求事項を満足するために必要な対応について，プロセスごとに解説してある。

アセットマネジメントに必要とされる要素のうち，「補完体制」については，従来は主として国の基本施策であるPFI/PPP導入の見地から検討が行われ，

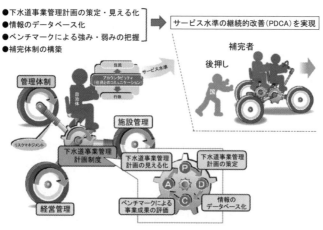

図14−1　下水道事業管理計画制度のイメージ[8]

官民のリスク分担，VFMの算定方法，標準契約書，委託者決定の手続き等に関する各種指針類の充実が図られてきた。しかしながら，本来地方公共団体が行うべきアセットマネジメントシステムのうち一部のシステム（サブシステム）を切り出して，外部の組織に行わせるという意識が希薄であり，PFI/PPPといった公民連携事業について，アセットマネジメントの観点から十分な検討が行われてきたとは言い難い。社会資本整備審議会の答申[7]を契機として，国土交通省は，広域管理・共同管理といった地方公共団体同士の連携・協力を含めてこの問題を扱おうとしている。財務・人材の両面で脆弱な下水道事業体を支援するために，民間活力の活用の必要性は論を待たないが，そのためには事業体側にアセットマネジメント及びアセットマネジメントシステムを実施する体制を整備する必要がある。広域管理・共同管理等は，事業管理計画制度とあいまって，事業体のアセットマネジメント体制の充実を図るための重要な処方箋になりうるものと期待される。

14.3 アセットマネジメントの目標と計画

14.3.1 下水道事業管理計画におけるサービス水準

　図14－2は，下水道事業管理計画制度に基づく官民一体となった下水道事業管理のイメージである。枠囲いの内側にある全てのプロセスは，サービス水準（計画目標）からスタートし，サービス水準・計画の見直しのプロセスを経て再びサービス水準にフィードバックされる。民間事業者等の補完者は，下水道管理者の目標達成を支援するための活動を行う。アセットマネジメントが成功するか否かは，**図14－2**のサービス水準（計画目標）の設定と，その目標を達成するための業務プロセスをいかにうまく設計し，実行するかにかかっている。サービス水準は，ISO55000シリーズでは「サービスレベル（level of service）」と呼ばれ，「組織が作り出す社会的，政治的，環境的及び経済的な成果に関連するパラメータ又はパラメータの組合せ」と定義されている（ISO55000箇条3.3.6）。

第14章　アセットマネジメントの適用事例　下水道

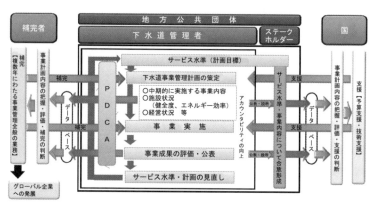

**図14-2　下水道事業管理計画制度に基づく官民一体となった
　　　　　下水道事業管理イメージ[8]**

14.3.2　サービスレベル・フレームワーク

　サービスレベルが決まったら，それを達成するための活動とアセットのパフォーマンス（ISO55000 箇条3.1.17），さらにそのアセットのパフォーマンスを達成，維持するための活動を分析，特定し，それぞれの活動及びアセットのパフォーマンスについてパフォーマンス指標（PI：Performance Indicator）の目標値を設定する。パフォーマンス指標の目標値は，ISO55001 箇条6.2.1に規定される，関連する部門及び階層において確立されるべきアセットマネジメントの目標ともなりうるし，ISO55001 箇条8.1に掲げられる「必要とされるプロセスに関する基準（criteria for the required processes）」に含まれるとみなされるものもある。リスクやコストについても，それらをマネジメントする活動やアセットのパフォーマンスに関連してパフォーマンス指標を設定しうる。

　アセットマネジメントシステムの対象範囲にあるアセット，すなわちアセットポートフォリオも組織のアセットマネジメント活動も，通常ヒエラルキー構造で表される。したがって，アウトカムとしてのサービスレベルあるいは上位のパフォーマンス指標の目標値を満足するために，下位の活動とアセットのパフォーマンスに求められる目標値が順に定められ，サービスレベルごとに，関

連付けられたヒエラルキー構造のパフォーマンス指標の目標値のグループ，すなわちサービスレベル・フレームワークが形成される。サービスレベル・フレームワークの具体的な作成方法は，本書第9章で説明されている。

図14－3に，仙台市下水道事業におけるアセットマネジメントのサービスレベル・フレームワーク（部分）を示す。仙台市の下水道ビジョンは「市民」「環境」「経営」の観点で定められている。下位の目標の設定に際しては，バランススコアカード手法を参考とし，ビジョン達成に向けた戦略とその戦略目標，重要成功要因の決定等を通じて，パフォーマンス指標値が体系的に定められている。例えば「下水道サービスの維持向上」を達成するためには「流下機能の維持」と「顧客満足の向上」が必要であるとし，「顧客満足の向上」のためには「苦情削減」が必要である…という具合に目標が細分化される[11]。

14.4　アセットマネジメントの最適化

14.4.1　最適解の特定と長期計画の策定

　ISO55000において繰り返し述べられているように，アセットマネジメントにおいては，コスト，リスク及びパフォーマンスのバランスが重要となる。アセットマネジメントの最適化とは，この3つの要素について適切なバランスを実現するための，サービスレベル・フレームワークあるいは「必要とされるプロセスに関する基準」を探求することにほかならない。インフラ資産では，短期間にアセットに対して行う行為が，遠い将来のアセットの性能に影響する場合が多いため，必然的に将来のアセットの性能を予測することが必要となる。

　既存の下水道施設の劣化による破損のリスクに焦点を当てる場合には，リスクとコストとのバランスが重要である。そこで，下水道管理者である地方公共団体が，既存の下水道施設台帳と点検データに基づき，点検・修繕・改良・更新シナリオの最適解を特定し長期計画を策定する手順として，次に示すようなプロセスが提案される（**図14－4**参照）。

第14章 アセットマネジメントの適用事例 下水道

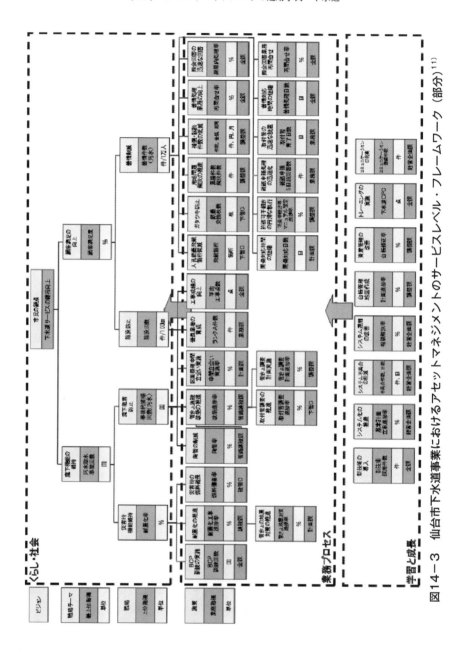

図14−3 仙台市下水道事業におけるアセットマネジメントのサービスレベル・フレームワーク(部分)[11]

14.4 アセットマネジメントの最適化

【システム構築プロセス】

① 既存の下水道施設台帳から必要な情報を抽出し，点検データとあわせて解析することにより，当該施設に対する劣化モデルのパラメータ同定を行う。下水道施設台帳の情報としては，例えば下水道管渠の場合，経過年数，管材，管径，スパン長，埋設深，取付け管設置数，道路交通量（うち大型車両交通量）等のデータが，点検データとしては施設の健全度[5),6)]のデータが想定される。施設の健全度は，より一般的には施設のパフォーマンス指標である。

② 対象とする下水道施設について，今後考えられる点検・修繕・改良・更新のメニューごとに費用関数を設定する。

③ これまでの被害発生状況等を勘案し，施設健全度から被害発生確率を，施設台帳データから想定被害規模をそれぞれ算定し，それらを掛け合わせる等の方法で当該施設のリスク指標を推定する。

【最適シナリオの特定とアセットマネジメント計画等の策定プロセス】

④ 様々な点検・修繕・改良・更新シナリオのオプションに対して，それに対応する将来の施設健全度と費用，並びにリスク指標を推定する。点検・修繕・改良・更新シナリオは，点検の結果，対象とする施設がどのような状態となった場合に，どのような（再）点検・修繕・改良・更新の措置を取るかというシナリオであって，ISO55001の「必要とされるプロセスに関する基準」（箇条8.1）に該当する。

⑤ 点検・修繕・改良・更新シナリオのオプションを変えて④を繰り返し，出力結果を，将来のリスクの許容範囲と支出可能なコストのバランスの観点から評価し，点検・修繕・改良・更新シナリオの最適解を特定する。

⑥ 特定された点検・修繕・改良・更新シナリオの最適解に基づいて，長期のアセットマネジメント計画（点検計画を含む）並びに財務計画を策定する。

第14章　アセットマネジメントの適用事例　下水道

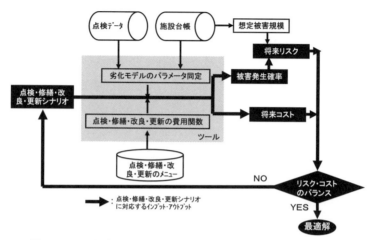

図14－4　点検・修繕・改良・更新の最適解を求めるプロセス

　プロセス①の劣化モデルとしてマルコフ劣化ハザードモデルを採用し，本書第7章で紹介した方法を適用することで，アセットの劣化とライフサイクル費用の予測計算を行うことが可能である。

14.4.2　下水道管渠への適用例[12]

　上記の方法を下水道管渠に適用した研究事例を紹介する。大阪市公共下水道のコンクリート管渠の目視調査データを用いて，マルコフ劣化ハザードモデルのパラメータが同定された。また，統計的解析の結果，管渠の区間距離と内径高さは管渠の劣化過程に有意な影響を及ぼすことが確認された。すなわち，区間距離が長くなるほど，内径高さが大きくなるほど，コンクリート管渠の劣化の速度が緩やかになることを意味している。この点に関しては，例えば，管渠に一定量の沈下が生じた場合，区間距離が長くなれば，管渠一本当りの継手変位が少なくなるとか，細い管渠ほど汚水に浸潤する壁面の割合が高く，しかも流量の変動率が大きいといった特徴と関連を有していることが考えられる。

　図14－5に，このモデルを用いて計算されたコンクリート管渠の期待劣化パスを示す。図中の左側の折れ線が内径高さ300～600mm，右側の折れ線が

14.4 アセットマネジメントの最適化

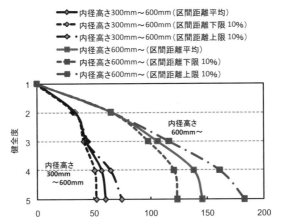

図14−5　コンクリート管渠の期待劣化パス（大阪市）

600mm以上の管渠を表す。また，実線は区間距離として平均値（26.2m）を使用し，点線と一点鎖線は，それぞれ区間距離の下限10％（8.4m）と上限10％（44.0m）の値を使用して計算されたものである。大阪市では，大阪市建設局による「管路施設の維持管理指針（2008年）」に基づき，下水道管渠の目視調査で判明した変形，クラック，目地不良等を加点評価した老朽度点を算出している。**図14−5**の健全度は，この老朽度点に応じて5段階にクラス分けした独自の評価指標で，数値が大きくなるほど劣化が進展していることを意味する。

図14−6は，修繕・改良を行わない単純な劣化過程（左図）と**表14−1**の修繕・改良シナリオを実施した場合（右図）の健全度分布の推移を予測した結果である。右図がのこぎり状のパターンを示すのは，点検が10年ごとに行われ，その結果に対応して直ちに修繕・改良が行われると仮定しているためである。

例えば，健全度5の占める割合が被害発生確率に比例すると仮定するとリスク指標値が計算でき，他方で**表14−1**に対応してライフサイクル費用が計算できるため，リスクとコストのバランスを論じることが可能になる。

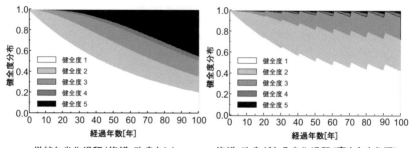

図14-6　コンクリート下水道管渠の健全度分布予測（大阪市）

表14-1　修繕・改良シナリオ

健全度	修繕・改良シナリオ	単価（千円/m）
1	修繕なし	0
2	修繕なし	0
3	修繕なし	0
4	修繕	142
5	改良	230

14.5　アウトソーシング

14.5.1　維持管理業務のアウトソーシング

　下水道の維持管理業務については，地方公共団体で下水道の専門技術やマネジメント能力を有する人員の確保が困難となりつつある上，現業業務又は定型的業務が相当部分を占めることから，施設の運転や保守点検等の事実行為を民間にアウトソースする流れが主流となっている。特に，性能発注方式の複数年契約である「包括的民間委託」が増加し，2013年度末現在，250を超える下水処理場でこの方式が導入されている[8]。また，PFI事業や指定管理者制度の活用も行われている。

　しかしながら，下水道の維持管理業務の包括的民間委託については，近年問

14.5 アウトソーシング

表14−2 下水処理場の包括的民間委託の問題点[13]

> ➢ **2期目以降の発注における予定価格の設定（積算）**
>   前期のコスト縮減結果（民間の創意工夫等による努力の結果）をそのまま実績として積算すると，期を重ねるごとに予定価格が下がり続ける結果，応札できる者がいなくなり，競争性の低下や業務の質の低下等の問題が懸念される．
>
> ➢ **コスト縮減の評価の考え方**
>   今期の実施額を前期の実施額と比較する方法は，期を重ねるごとの契約額が下がり続けなければ成り立たない評価方法であることから，1点目と同様の結果につながる．
>
> ➢ **包括的民間委託の効果**
>   導入のメリットは，民間の技術力・ノウハウ・創意工夫・実務能力等の発揮により，管理の高度化（質の向上）という面が大きいことに注目する必要がある．コスト縮減はそれらの結果によりもたらされるものであり，コスト縮減結果のみにとらわれて民間努力の結果を正当に評価しないと，民間が入札参入意欲を失い，包括的民間委託制度の衰退にもつながりかねない．

題点も指摘されるようになってきた。(公社)日本下水道協会の資料[13]によれば，既に2期目，3期目の業務を実施している事業体もあるが，多くの事例で**表14−2**に示すような問題が発生している。このような問題点に対する処方箋として，（公社）日本下水道協会は，「包括的民間委託の導入効果は，コスト縮減だけではない。民間の創意工夫や技術力発揮により，水処理能力の向上，環境負荷の低減，省エネ化，施設の長寿命化，トラブルの低減，危機管理体制の充実，水処理関連サービスの向上，等々が期待できるので，これらについても評価する」ことを推奨している[13]。

14.5.2 要求水準書と成熟度評価

表14−2で示された問題点の多くは，性能発注における要求水準書に起因しているように思われる。インフラ資産のPFI/PPPプロジェクトあるいは維持管理業務の包括的民間委託では，サービス提供者の創意工夫が生かされるように性能発注が望ましいとされている。この場合の要求水準書のなかで民間のサービス提供者に求める性能は，成果（アウトカム）指標で表されるべきとい

う誤解が少なからず見受けられる。正しくは，要求水準書に記載される性能は，この事業に関わる政策目的や求めるアウトカムの内容を実現するための性能であって，必ずしもアウトカムとは限らない。また，当該インフラ資産の性能だけでなく，サービス提供者のプロセスや活動に要求される事項も含むものであり，より一般的に「パフォーマンス」と呼ぶべきものである。ISO55000によれば，パフォーマンス（箇条3.1.17）は「測定可能な結果」，すなわちアウトプットであって，活動，プロセス，アセット，システム又は組織のマネジメントのいずれにも用いられる。民間の創意工夫や技術力発揮は，アウトカム指標だけでなくアウトプット指標でも評価されなければならない。

アセットマネジメントの業務をアウトソースする場合，成果としてのアウトカムをそのまま要求水準書に記載することが適切でない場合が多い。それは，アセットマネジメント活動の内容がどの程度アウトカムに結びつくのか明確でないことが多いからである。例えば，アセットマネジメントにおいて特に重要な「リスク及び機会への取組み」は，リスク事象が発生しなければアウトカムとしてのパフォーマンスを立証することができない。したがって，通常は事業継続計画（BCP：Business Continuity Plan）の策定や訓練の実施といった内容，すなわちプロセスや活動のパフォーマンス（アウトプット）で評価される。また，達成が不確実なアウトカムを要求水準として規定すると，民間のサービス提供者にとってあまりにもリスクが大きいため，発注案件に対して魅力を感じなくなるという問題もある。

そこで，アウトソーシングにおける要求水準書として，ISO55001の要求事項を活用しようという考えが生まれる。すなわち，ISO55001に基づき，産業セクターごとに，アセットマネジメントの成熟度を評価できる具体的な方法を開発し，その方法で評価される成熟度の指標を要求水準書に記載するというものである。

英国のアセットマネジメント研究所（IAM：The Institute of Asset Management）は，ISO55001の主要な要求事項ごとに，組織がアセットマネジメントの成熟度（maturity）を自己評価する方法を開発している[14]。例えば，

14.5 アウトソーシング

成熟度のレベルが5段階あるとして，初めの3年間でレベル3を達成し，次の3年間でレベル4に到達するといった要求水準となる。

表14－2に示されるようなアウトソーシングの問題点の解決策として，英国ではマネジメントの成熟度をアセットマネジメントのアウトソーシングに活用することが検討されている。発注者は，アウトソーシングにおける要求水準書において，ISO55001の要求事項について達成すべき成熟度とその達成時期を明示し，応募者はその要求を満足するためのアセットマネジメント計画及びマネジメントシステム計画の骨格案を提示するという方法である。英国道路庁（Highways Agency，現在はHighways England）のアセットサポート契約では，アセットマネジメントに関する英国規格協会の公開仕様書PAS 55に基づいてIAMが開発した成熟度評価法を活用し，アウトソース先のサービス提供者に対して契約後6か月以内にレベル2，契約後3年以内にレベル3を達成することを要求している[15]。

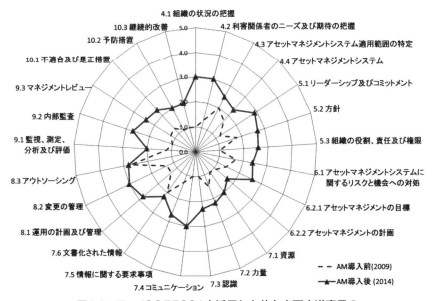

図14－7　ISO55001を活用した仙台市下水道事業の成熟度評価レーダーチャート[11]

なお，仙台市の下水道事業では，ISO55001の要求事項ごとに独自の評価尺度で下水道マネジメントの成熟度の自己評価を行い，公表している（**図14-7**参照）。

14.5.3 サービス提供者に対するISO55001の適用

発注者である下水道管理者が，サービス提供者に対してISO55001の全ての要求事項を満足することを求め，さらにこれを証明するため，契約の条件等としてISO55001に係る第三者認証の取得を要求することは十分考えられることである。また，逆の立場から，サービス提供者が自発的にISO55001に係る第三者認証を取得することで，発注者となりうる組織に対して，自身と契約することのメリットをアピールすることもありうる。

そこで，下水道管理者が下水道のアセットマネジメント業務の一部をアウトソースするとき，その業務を引き受ける民間事業者に対してどのようにISO55001を適用しうるかという点が議論になる。この点は，当該民間事業者が第三者認証を取得しようとするとき，特に問題となる。

ユーザーズガイドでは，アウトソース先である下水道の維持管理事業者は，次のような条件を満足する場合に，ISO55001に基づく認証取得の対象となりうるとしている[10]。

- 維持管理を主体的に行うことができる発注形態と長期の契約期間（3年間以上）を持つ案件を受託している。なお，維持管理を主体的に行うことができる発注形態とは，例えば包括委託契約（限定された範囲ではあるが維持のための支出の裁量権とそれを超える範囲については地方公共団体への提案義務を課している）などがある。
- 維持管理を主体的に行うための社内の維持管理基準が整備され，地方公共団体に長寿命化計画などを提案し，リスクアセスメントから対策までの一連のアセットマネジメント計画を社内の維持管理基準に従って立案する業務を行っている。

14.6 おわりに

　ISO55001のような要求事項のマネジメントシステム規格の活用というと，我が国では組織の第三者認証ばかりに目が向く傾向がある。しかし，本章で示したように，マネジメントシステム規格には他にも様々な使いみちがある。下水道についていえば，法律に基づき下水道というアセットをマネジメントする地方公共団体，地方公共団体の下水道事業を監視・監督する国及び都道府県の機関，地方公共団体からアウトソースされ一部のアセットマネジメント業務を担う民間等のサービス提供者，使用料を払って下水道サービスを受ける住民，使用料は払わないが下水道サービスの便益を受ける人々といった様々な利害関係者の立場で，ISO55000シリーズを活用することが可能である。

　ISO55000シリーズを開発してきたISOのPC251は，2015年3月に常設の専門委員会TC251に移行した。TC251が最初に着手するのは，ISO55001の適用のためのガイドラインであるISO55002の改定作業となる。多くの場合，国際規格はその適用のノウハウとあいまって，様々な効果を発揮する。例えば，インターネット上ではISO55000シリーズと関係し，CMMS（Computerized Maintenance Management System）やEAM（Enterprise Asset Management）と呼ばれるアセットマネジメント・ソフトウェア商品が売り出されていることがわかる。国際市場では，ISO55000シリーズの適用に関わるデファクト規格の競争が始まっていると考えるべきであろう。そうなると，ISO55002こそが国際インフラ輸出等のビジネスに直結する規格ということになる。

　下水道の分野は，現在のところ我が国のインフラ資産の中でも最もISO55001の認証事例が多く，国土交通省がユーザーズガイドを策定したこともあって，実際への適用研究が比較的進んでいる分野といえる。また，ISO/TC224では，上下水道のアセットマネジメントのガイドライン規格ISO24516及びベンチマーキングのガイドライン規格ISO24523が開発途上にある。今後ISO/TC251やISO/TC224において，我が国の下水道事業への適用事例やユーザーズガイド等を活用し，我が国が主導して，本邦企業の国際競争力の強化に

資するような国際規格開発の展開を図っていくことが重要といえる。

参考文献

1) 国土交通省：ISO55001の認証と規格の活用状況，下水道分野におけるISO55001適用ユーザーズガイド検討委員会第2回会合資料4，2015.3.
2) 下水道事業におけるストックマネジメント検討委員会：下水道事業におけるストックマネジメントの基本的考え方（案），国土交通省下水道部，2008.3.
3) United States Environmental Protection Agency：Advanced Asset Management Training Workshops.
   http://water.epa.gov/infrastructure/sustain/am_training.cfm
4) Institute of Public Works Engineering Australia：International Infrastructure Management Manual, Edition 2011, Version 4, 2011.
5) 国土交通省下水道部：ストックマネジメント手法を踏まえた下水道長寿命化計画策定に関する手引き（案），2013.9.
6) 日本下水道協会：下水道維持管理指針－総論編，マネジメント編（2014年版），2014.9.
7) 国土交通省社会資本整備審議会都市計画・歴史的風土分科会 都市計画部会・河川分科会：「新たな時代の下水道政策のあり方について（答申）」，2015.2.
8) 国土交通省，日本下水道協会：下水道政策研究委員会報告書「新下水道ビジョン」，2014.7.
9) 国土交通省下水道部：「アセットマネジメントをめぐる政策動向（補足資料）」，日本下水道事業団 平成26年度 計画設計コース 下水道分野におけるアセットマネジメントの確立に向けた研修資料，2015.1.
10) 国土交通省：下水道分野におけるISO55001適用ユーザーズガイド説明会資料．
    http://www.mlit.go.jp/common/001085776.pdf

11) 仙台市：第2回仙台市下水道マスタープラン検討委員会資料「仙台市下水道事業におけるアセットマネジメントの取組みについて」，2014.7.
12) 貝戸清之，他：下水道コンクリート管渠のストックマネジメント，下水道協会誌，Vol.47，No.577，pp.78-87，2010.11.
13) 日本下水道協会：処理場の包括的民間委託実施の留意点について，2014.3.
14) IAM：Self-assessment Methodologies – Guidance, Version 1, 2014.6.
15) Highways Agency：Procurement - Asset Support Contract, Annex 25 – Integrated Asset Management, 2011.4.

第15章 アセットマネジメントの適用事例 斜面・土工構造物

15.1 はじめに

　本章の目的は，斜面・土工構造物を対象としたアセットマネジメントの適用事例を紹介することである。斜面・土工構造物を対象としたアセットマネジメントでは，斜面・土工構造物の特殊性を考慮したアプローチが必要となる。一般に，アセットマネジメントにおいて必要となる検討要件は，以下のように要約される[1]。

1）構造物の性能・機能水準の現在状態の規定
2）構造物の性能劣化に対する将来状態の予測
3）構造物の性能劣化過程のモニタリング
4）費用対効果の評価を含めた適切な箇所及びタイミングでの維持・補修・更新のルール化

　したがって，アセットマネジメントでは，構造物の維持管理を行う上で，確保すべき性能・機能水準を規定することが，その検討の第一歩となる。しかし，本章で取り扱う斜面・土工構造物は，道路・鉄道などの交通インフラ構造物，及び宅地造成等に付随して構築されるため，それ自体の性能・機能水準を定義することは適切でない。つまり，対象とする施設を明確に定義した後に，その機能が，斜面・土工構造物の不具合（損傷あるいは崩壊）により，どの程度損なわれるかと関連付けて議論することが適切である。したがって，斜面・土工構造物の不具合が発生する危険性が有るリスク要因を抽出するとともに，その要因が顕在化した場合のリスクを評価することが，検討の出発点になると推察される。

　このような観点から，本章では対象とする施設として道路構造物を取り上げる。そして，その付随構造物である斜面・土工構造物の不具合が対象施設の性

能・サービス水準の低下につながる危険性，すなわちリスク要因の抽出，及びそのリスク評価の基本概念について整理する．加えて，道路構造物のアセットマネジメントに資する，斜面・土工構造物のリスク評価の適用事例についても紹介する．

15.2　道路斜面・土工構造物のマネジメントの基本概念

15.2.1　現況

　道路構造物を構成する部位は，土木工学分野の観点からは，主として舗装，橋梁，及び斜面・土工構造物（トンネルを含む）の3種類に分類されるであろう．この3種類の構造物のアセットマネジメントに資する検討の適用状況は，模式的には**図15－1**に示すように表現されるであろう[2]．

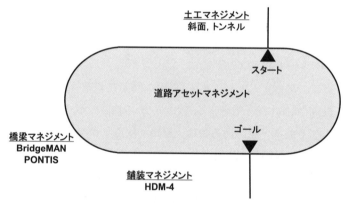

図15－1　道路構造物マネジメントの現状[2]

　すなわち，舗装，橋梁，及び斜面・土工構造物の内，舗装及び橋梁については，既にアセットマネジメントの概念が実務レベルで適用されつつある．これは，舗装及び橋梁の損傷は，日常的な道路走行に支障をきたすこと，すなわち道路のサービス水準の低下に直接リンクするため，アセットマネジメントの概念の適用が容易であることに起因すると解釈される．これに対して，斜面・土

工構造物は，後述する盛土上の道路での路盤あるいは盛土部の損傷を除いては道路のサービス水準とはリンクせず，むしろ斜面崩壊あるいは土石流等の自然災害に起因する道路サービスの機能喪失が主たる関心事項となってきた。これらの事項の背景としては，従来防災・減災という観点から維持補修の方策が検討されてきたため，維持補修における費用対効果を考慮するというアセットマネジメントという概念が浸透しにくいことがあるものと推察される[2]。

しかし，道路構造物を合理的に維持管理しサービス水準を合理的に確保するというアセットマネジメントの観点からは，斜面・土工構造物についても従来の防災・減災に関する取組みを，アセットマネジメントに資する検討へと，その位置付けを変更する必要があると推察される。

15.2.2　道路斜面・土工構造物のリスク要因

道路斜面・土工構造物は，基本的には**図15−2**に模式的に示すように，地盤，ロックボルト，グラウンドアンカー，地下水排除工等の対策工（斜面吹付け工，擁壁等の抗土圧構造物を含む），及び排水工に代表される付属設備からなる。

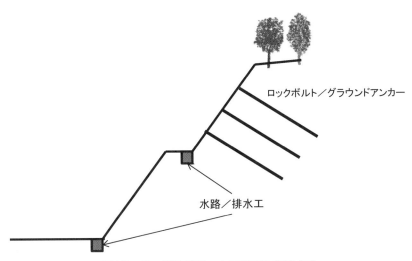

図15−2　道路斜面・土工構造物の模式図

Bernhardtら[3]は，土工構造物の各構成部位単位でのリスク評価が必要であるとしている。

ここで，15.1で示したように，一般的なアセットマネジメントでは，ライフサイクル費用（LCC）を評価するために，構造物の経年的な劣化要因を予測することが必要となる。このような観点から，地盤，対策工及び付属設備の経年的な劣化事項に着目すると，以下のように要約されるであろう。

（1）地盤

地盤材料の代表的な経年的劣化要因としては，風化（Weathering）現象が挙げられるが，その進展は一般的には数千年以上という単位で顕在化するため，LCCを評価する期間ではその影響は微小であると考えられる。このため，後述する盛土の変形，対策工の不具合等の維持補修の不備に起因する地盤内への雨水の浸透による地盤強度の低下，あるいは斜面表層部の降雨に起因する浸食（Erosion）等の，いわゆる「水まわり」に起因する事項が主たるリスク要因となる。

（2）対策工

道路斜面・土工構造物の構成部位の中で，対策工については最も多くの経年劣化事例が報告されている。その代表事例としては，ロックボルト・グラウンドアンカー，地下水排除工，及び斜面吹付け工が挙げられる。

すなわち，ロックボルト及びグラウンドアンカーについては，防食に関する基準が設定される以前に施工された旧タイプのものは，ロックボルト及びグラウンドアンカー頭部付近のテンドンの腐食によるすべりに対する抑止力となる導入力の低下，あるいはテンドン自体の破断が憂慮されている[4),5)]。

次に，地すべり斜面においてすべり力を低下するための対策工として数多くの適用事例が有る地下水排除工については，地下水に含まれる土の細粒分により目詰まりを起こすことで，その機能が経年的に劣化することが報告されている[1)]。

また，斜面吹付け工については，切取り斜面の表面を覆う吹付コンクリートにクラックが発生し，雨水が浸透し吹付け背面に空隙が生じた後，**写真15－**

15.2 道路斜面・土工構造物のマネジメントの基本概念

1に示すように吹付コンクリートと背面地山の一部を含めたすべり破壊(スライド破壊)の発生が報告されている[6]。

(3) 付属設備

付属設備に関する経年劣化の事例としては，**図15-2**に示す水路・排水工の機能劣化が挙げられる。まず，排水工の施工不良により，コンクリートブロックのつなぎ目が破損した場合には，(1)の地盤の項で示したように，その箇所からの地盤内への雨水の浸透による地盤強度の低下が生じる。また，排水工内の土砂及び落ち葉の清掃が不十分な場合には，**図15-2**のような斜面構造では，斜面上部からの表面流出量が斜面下部に流下するため，斜面表層部の浸食が促進され，斜面崩壊の誘因となる危険性がある。

写真15-1　吹付コンクリート斜面でのスライド破壊の発生状況

上記のように，地盤，対策工及び付属設備の経年的な劣化要因について示したが，以下の事項に留意する必要がある。すなわち，吹付コンクリート斜面でのスライド破壊を除いて，いずれの経年的な劣化事項も，それ自体が要因になる斜面・土工構造物の崩壊は発生せず，地震・降雨のような自然災害ハザードに対する崩壊を誘発する素因となることである。したがって，斜面・土工構造

第15章　アセットマネジメントの適用事例　斜面・土工構造物

物のアセットマネジメントに資する検討を実施するためには，経年的な劣化事項を考慮した自然災害ハザードに対する安定性検討が必要となる。

ただし，本節で抽出したリスク要因は，あくまで一般的な斜面・土工構造物を対象としたものであり，具体的な検討では，盛土斜面あるいは切土斜面という，斜面・土工構造物の構造に応じて個別に抽出する必要がある。また，上記の地盤，対策工及び付属設備に関する経年的な劣化要因の内，現状において定量的な検討が実施されているのは対策工のみである。

以上の事項から，以下の検討では，斜面・土工構造物の構造に応じた地盤及び付属設備に関するリスク要因について解説する。一方，対策工については，その経年的な劣化事項を考慮した検討事例について示すものとする。

15.3　道路斜面・土工構造物の維持管理における着眼点

道路斜面は，**図15－3**に示すように建設される箇所（平野部・山岳部）及び構造形式（盛土・切土）によって，着目すべきリスク要因は異なる。このため，本節では**図15－3**に示すタイプごとでの維持管理における着眼点を示す。

15.3.1　平野部（盛土斜面）

前述のように，平野部の盛土上に構築された道路では，路盤あるいは盛土部の損傷は，道路のサービス水準と直接リンクする。近年，日本においては**図15－3（1）**に示すような盛土構造の道路はほとんど建設されていない。しかし，今後道路アセットマネジメントの適用が図られつつある東南アジアでは，多くの道路は**図15－3（1）**に示すような構造で建設されている。このような観点から，本節では平野部の盛土上に構築された道路へのアセットマネジメントの概念の適用事例として，文献7）に示すベトナム国道18号線の事例分析結果を示す。

同検討では，車両通行に対する性能劣化要因として，**図15－4**に示す4項目を想定している。

15.3 道路斜面・土工構造物の維持管理における着眼点

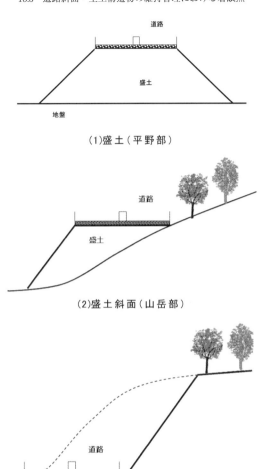

図15−3 道路斜面の分類

a) 舗装の磨耗
b) 圧密による構造物と盛土の境界部における不同沈下
c) 降雨に伴う盛土部の浸食を含む斜面崩壊
d) 地下水揚水に伴う周辺地盤を含む不同沈下

上記のa）〜d）の事項に対する現地調査結果において，a）の事項を除く

第15章　アセットマネジメントの適用事例　斜面・土工構造物

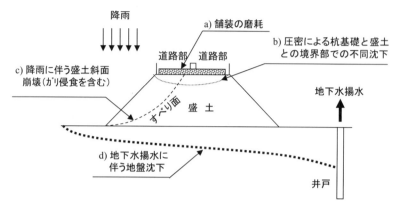

図15－4　盛土構造の道路における車両通行に対する性能劣化要因[7]

地盤に関連する事項としては，以下のような知見が示されている。

まず，盛土一般部での圧密沈下は，原則的には適切な設計及び施工管理を実施することで対処される。しかし，橋梁部・ボックスカルバートのように杭基礎を施工している箇所と盛土部のアプローチ部分では，**図15－5**に示す発生機構による不同沈下の発生が危惧される。ベトナム国道18号線での現地調査結果では，**図15－6**に示すように不同沈下により盛土部と構造物部でガード

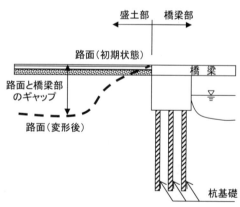

図15－5　圧密による構造物と盛土の境界部における不同沈下の発生機構[7]

266

15.3 道路斜面・土工構造物の維持管理における着眼点

図15-6 構造物と盛土の境界部における不同沈下(ベトナム国道18号線)[7]

レールのレベルに段差が生じていることに加えて，供用直後に段差の発生した盛土部に舗装のオーバーレイが施されたため，当初設けられた車線が見えなくなっている箇所が認められている。このため，構造物と盛土の境界部が，点検における重点監視項目となる。

　第二に，降雨に伴う盛土斜面表層の浸食は斜面崩壊のトリガーとなることから，以下のような対策を施すことが一般的である。すなわち，盛土斜面表面を種子吹付，地盤改良（ジオテキスタイル）等で表面保護する工法，盛土小段，及び盛土斜面の法尻部に排水設備を設けることが挙げられる。しかし，**写真15-2**に示すベトナム国道18号線の事例のように，盛土材料が高透水性材料（砂質土）である場合には一部に浸食が発生する危険性がある。また，**15.2.2**で述べたように排水設備の維持補修が不十分な場合には，盛土斜面自体の安定性が損なわれる危険性がある。これらの事項から，斜面の表面保護工，及び排水設備が点検における重点監視項目となる。

　第三に，地下水汲み上げに伴う周辺地盤を含む不同沈下は，日本においては1960年代以降地下水揚水が制限されていることから，想定されない事項である。しかし，タイ・バンコクでの地下水揚水に伴う地盤沈下[8]に代表されるように，

第15章　アセットマネジメントの適用事例　斜面・土工構造物

写真15－2　道路盛土斜面の侵食状況（ベトナム国道18号線）[7]

　経済発展の著しい東南アジア諸国では，ベトナム，インドネシアにおいても，地下水揚水に伴う地盤沈下が顕在化しつつあることが報告されている状況を踏まえると，当該地域において道路アセットマネジメントの概念を適用する上で重要な検討項目になると推察される。

15.3.2　山岳部（盛土斜面）

　図15－3（2） に示す，山岳部において盛土上に道路を構築した斜面では，平野部と同様に，路盤あるいは盛土部の損傷は，道路のサービス水準の低下と直接リンクする。そして，車両通行に対する地盤に関連する性能劣化要因としては，以下の事項が挙げられる。

　a）盛土材料の変形に伴う不同沈下
　b）降雨に伴う盛土部の浸食を含む斜面崩壊

　上記の2項目の内，b）の事項に対する点検における重点監視項目は，平野部と同様に斜面の表面保護工及び排水設備となることは言うまでもない。一方，a）の事項は，平野部では軟弱地盤での盛土荷重による圧密沈下が課題となるのに対して，傾斜地の上に盛土がなされることから盛土材料自体の変形に伴う不同沈下の発生が課題となる。この不同沈下が発生した場合には，**図15－7** に示すように，盛土と原地盤との境界部にギャップが発生する危険性が憂慮される。

15.3 道路斜面・土工構造物の維持管理における着眼点

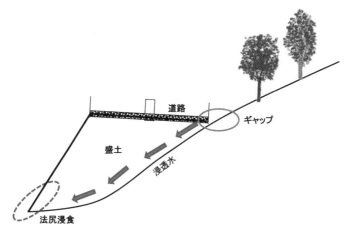

図15−7 盛土の変形に伴う道路における車両通行に対する性能劣化要因

例えば，Lumb[9)]は香港における傾斜地盤上の盛土斜面の崩壊事例の多くは，図15−7に示す盛土と原地盤との境界部に発生したギャップからの降雨浸透に起因したものであると指摘している。このギャップからの浸透水は，一般に図15−7において矢印で示したように，原地形と盛土底部の境界部に沿って移動し，最終的には法尻浸食による斜面崩壊を引き起こす危険性がある。この斜面崩壊機構は，Takeら[10)]の遠心載荷装置を用いた実験において検証されている。

この実験では，図15−8に示す基盤上の盛土に対して，法肩から境界部に浸透水を供給した遠心載荷実験において，図15−9に示すように，基盤と盛土の境界部を浸透水が移動し，最終的には法尻浸食による斜面崩壊を引き起こす状況が再現されている。

また，実際の山岳部における盛土道路においては，用地上の制約から，道路面自体を片勾配にし，図15−7で示すギャップが発生する箇所に排水工を設置する場合が多い。このような設計の場合には，図15−7で示すギャップが発生する箇所に雨水を引き込むことになるため，より法尻浸食による斜面崩壊を引き起こす危険性が高まる。

第15章 アセットマネジメントの適用事例 斜面・土工構造物

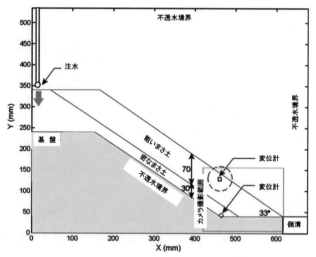

図15-8 遠心載荷実験モデル[10]

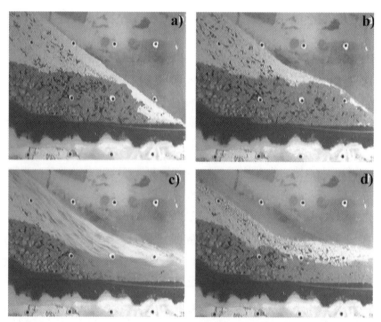

図15-9 盛土と原地盤との境界部の浸透水による法尻浸食崩壊[10]

15.3 道路斜面・土工構造物の維持管理における着眼点

このような観点から，図15-3（2）に示す，山岳部において盛土上に道路を構築した斜面においては，図15-7で示すギャップが発生する箇所が，点検における最重点監視項目となる。

15.3.3 山岳部（切土斜面）

図15-3（3）に示す，山岳部において切土により構築される道路斜面では，道路に隣接する切土斜面の損傷は，斜面崩壊が発生しない限り，道路のサービス水準の低下と直接リンクしない。したがって，山岳部の切土斜面の場合には，アセットマネジメントに資する検討は，盛土と同様に降雨に伴う斜面表面での浸食を含む斜面崩壊と，自然災害ハザードに対する斜面の安定性検討のみが必要となる。したがって，切土斜面の場合にも，盛土と同様に降雨に伴う斜面表面での浸食を含む斜面崩壊が懸念されるため，点検における重点監視項目は，斜面の表面保護工及び排水設備となる。

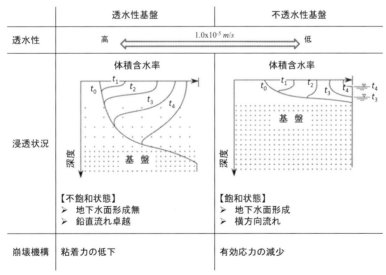

図15-10　基盤の透水性に起因する浸透状況及び破壊機構の相違

なお，切土斜面の自然災害ハザードに対する安定性検討に関して，降雨に起因する検討においては，自然斜面と同様に基盤の透水性による影響を考慮することが重要となる。例えば，Matsushi[11]は，**図15-10**に示すように，基盤の透水性により浸透状況及び破壊機構が異なると指摘している。すなわち，透水性基盤では，一次元浸透が卓越して地下水面が形成されず不飽和状態が維持されるため，崩壊の主要因は飽和度の上昇に伴う粘着力の低下となる。一方，不透水性基盤では，横方向流れが発生し地下水面が形成されるため，崩壊の主要因は有効応力の低下となる。このように，切土斜面の安定性を評価するためには，基盤の透水性による影響を考慮することが重要となる。

15.4　対策工の性能劣化を考慮した検討事例

15.2.2に述べたように，地盤，対策工及び付属設備に関する経年的な劣化要因の内,現状において定量的な検討が実施されているのは対策工のみである。このため，本節では，**表15-1**に示す対策工の経年的な劣化事項を考慮した3検討事例について示すものとする。同表に示す各検討事例では，以下の項目に対応する検討内容を要約して示している。

・性能劣化評価項目
・性能劣化モデル化手法
・将来予測モデル化
・対応策（対策方針）
・LCCの内訳
・最適化項目

斜面対策工事例1は，地下水排除工での水抜きボーリング工の目詰まりによる排水効果の低下に対して，LCCを判定指標として最適な洗浄間隔を設定するものである。この事例では，将来状態を予測するために，実測の水抜きボーリング工の閉塞率に対する回帰曲線を設定し，その曲線を外挿することでモデル化している。

15.4 対策工の性能劣化を考慮した検討事例

表15－1　斜面対策工を対象としたアセットマネジメントの適用事例[12]

分類	斜面対策工事例1[1] 地下水排除工の排水効果の低下	斜面対策工事例2[6] 吹付コンクリート工のスライド破壊	斜面対策工事例3[12] グラウンドアンカー工の損傷
性能劣化 評価項目	水抜きボーリング工の閉塞率	背面地盤の風化に起因する粘着力 c の低下	目視点検結果に基づく健全度評価区分の変動
性能劣化 モデル化手法	連続型 回帰曲線の設定	連続型 幾何ブラウン過程でのトレンド及びボラティリティ σ の算定	離散型 マルコフ過程を用いた健全度評価区分の状態推移確率行列 Π の算定
将来予測 モデル化	回帰曲線を用いた外挿	幾何ブラウン過程を用いた推定	状態推移確率行列を用いた外挿
対応策	水抜きボーリング工の洗浄	吹付コンクリート工打換え	グラウンドアンカー工の更新・延命化
LCCの内訳	・補修費用 ・累積期待損失	・補修費用 ・累積期待損失	・点検費用 ・補修・更新費用
最適化項目	洗浄間隔	打換え時期，間隔	1) 対策工法選定 2) 点検間隔

　斜面対策工事例2は，**写真15－1**に示した切取り斜面の表面を覆う吹付コンクリートと背面地山の一部を含めたすべり破壊（スライド破壊）に対する維持補修計画を立案したものである。このスライド破壊は，吹付コンクリート斜面背面地盤の粘着力 c が低下することで発生すると仮定している。具体的な粘着力 c の低下特性は，**図15－11**に示す吹付けコンクリート斜面背面地盤の風化に起因する弾性波速度の低下と関連付けるものとしてモデル化している。この事例では，回帰曲線を外挿して推定することに関する不確実性を，次式に示す幾何ブラウン運動過程[14]を用いてモデル化している。

$$dc(t) = \mu c(t)dt + \sigma c(t)dW_1(t) \tag{15.1}$$

ここに，$c(t)$ は時期 t における粘着力，トレンド μ は平均的変動率を表すパラメータ，ボラティリティ σ は平均的変動率回りの変動性を表すパラメータ，$dW_1(t)$ は標準ウィーナー過程[14]を表す。トレンド μ 及びボラティリティ σ は，過去の変動データに基づき算定されるものである。

　式 (15.1) に示す幾何ブラウン運動過程は，現状では金融工学分野[15]において，

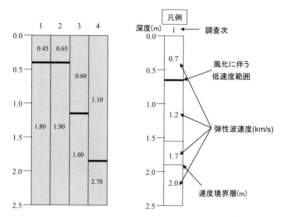

図15-11 背面地山の速度検層結果の一事例[6]

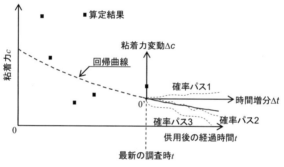

図15-12 粘着力の推定手法[6]

時間とともに変動する不確実性の高い株価等の金融商品の価格の将来予測のモデル化手法として用いられている。なお，式（15.1）の幾何ブラウン運動過程は，一意的に解は得られない。このため，粘着力cの変動は，**図15-12**に示すように，標準ウィーナー過程を，近似的に標準正規乱数を用いて離散化した確率パスとして算定している。また，LCCは，式（15.1）を離散化した粘着力cの確率パスを用いたモンテカルロシミュレーションにより，確率量として算定される。なお，この事例で適用したモデル化では，トレンドμ及びボラティリティσは，過去の変動データに基づき算定している。

15.4 対策工の性能劣化を考慮した検討事例

斜面対策工事例3は，同表に示す事例の内で，唯一性能劣化のモデル化として，**表15-2**に示す目視点検結果の健全度区分という離散的な情報を用いたものである。

表15-2 アンカーの健全度評価区分（旧JH指針）[16]

評価区分	状　　況
I	現状で全く機能していない
II	機能が大幅に低下しており，今後区分Iになる可能性がある
III	機能が低下しており，今後区分IIになる可能性がある
IV	機能は多少低下しているが，対策によって機能を維持できる
V	機能は良好で，対策により保持できる
VI	現状のままで，良好な状態を維持できる

同事例では，**表15-2**に示すアンカーの健全度評価区分に基づき，次式に示すマルコフ過程を用いた状態推移のモデル化手法が適用されている。

$$S(t+1) = S(t)\Pi \tag{15.2}$$

$$S(t+\tau) = S(t)\Pi^{\tau}$$

$$S(t) = \left[S_{VI}^{(t)}, S_{V}^{(t)}, S_{IV}^{(t)}, S_{III}^{(t)}, S_{II}^{(t)}, S_{I}^{(t)} \right] \tag{15.3}$$

$$\Pi = \begin{bmatrix} \pi_{66} & \pi_{65} & \pi_{64} & \pi_{63} & \pi_{62} & \pi_{61} \\ 0 & \pi_{55} & \pi_{54} & \pi_{53} & \pi_{52} & \pi_{51} \\ 0 & 0 & \pi_{44} & \pi_{43} & \pi_{42} & \pi_{41} \\ 0 & 0 & 0 & \pi_{33} & \pi_{32} & \pi_{31} \\ 0 & 0 & 0 & 0 & \pi_{22} & \pi_{21} \\ 0 & 0 & 0 & 0 & 0 & \pi_{11} \end{bmatrix} \tag{15.4}$$

ここに，$S(t)$及び$S(t+\tau)$は，それぞれ，供用後t年及び$t+\tau$時点での点検したアンカー全体の状態を表す状態ベクトルを表し，その成分の$S_i^{(t)}$は，供用後t

年時点での各ランクiに相当するアンカー本数を表す。また，Πは状態推移確率行列を表す。なお，状態推移確率行列Πの成分π_{ij}の算用数字i及びj（例えば3，2）は，それぞれ健全度評価のランク分けを表すギリシャ数字（例えばIII，II）に対応することに留意されたい。

なお，マルコフ過程を用いた性能劣化のモデル化では，状態推移確率行列Πの成分π_{ij}は目視点検結果に基づく健全度評価区分の変動に基づき算定される。このため，その精度を保証するには，点検データができるだけ多く，かつ，一定のサンプル数及び一定の間隔で得られていることが前提条件となる。この制約が，土工構造物の性能劣化のモデル化に対してマルコフ過程を適用する上での課題となる。

参考文献

1) 大津宏康，Supawiwat, N., 松山裕幸，高橋健二：地下水排除工の性能低下を考慮した斜面アセットマネジメントに関する研究，土木学会論文集，No.784/VI-66, pp.155-169, 2005.
2) 大津宏康：斜面アセットマネジメント（展望，＜小特集＞第42回地盤工学研究発表会），土と基礎，55（12），pp.10-11, 2007.
3) Bernhardt, K. L. S., Loehr, J. E. and Huaco, D.：Asset Management Framework for Geotechnical Infrastructure, ASCE Journal of Infrastructure Systems, Vol. 9, No. 3, pp.107-116, 2003.
4) 大津宏康，松山裕幸：グラウンドアンカーの性能低下を考慮した岩盤斜面のライフサイクルコスト評価に関する一提案，第34回岩盤力学に関するシンポジウム講演論文集，pp.17-24, 2005.
5) 北岡貴文，藤原優，大津宏康，岡井直樹：リフトオフ試験結果における荷重-変位曲線に基づくグラウンドアンカーの性能低下に関する研究，地盤工学会斜面・のり面の劣化モデルとLCC評価による斜面防災対策に関するシンポジウム発表論文集，pp.43-48, 2014.

15.4 対策工の性能劣化を考慮した検討事例

6) 大津宏康, 赤木舞, 松山裕幸, 大谷芳輝：吹付けコンクリート斜面の維持補修費評価に関する研究, 建設マネジメント研究論文集, Vol.13, pp.301-314, 2006.

7) 大津宏康, 中澤慶一郎, 安田亨：ベトナムにおける道路アセットマネジメント調査結果, 土木学会論文集, No.812/ Ⅵ-70, pp.85-94, 2006.

8) Phienwej, N., 大津宏康, Supawiwat, N., 高橋健二：バンコクにおける地下水揚水に伴う地盤沈下, 土と基礎, Vol.53, No.2, Ser. No.565, pp.16-18, 2005.

9) Lumb, P.：Slope failure in Hong Kong, Quarterly Journal of Engineering Geology, Vol.8, pp.31-65, 1975.

10) Take, W.A., Bolton, M.D., Wong, P.C.P. and Yeung, F.J.：Evaluation of landslide triggering mechanisms in model fill slopes. Landslides, Vol.1, Issue 3, pp.173–184, 2004.

11) Matsushi, Y.：Triggering mechanisms and rainfall thresholds of shallow landslides on soil-mantled hill slopes with permeable and impermeable bedrocks, Ph.D. Dissertation of the University of Tsukuba, 2006.

12) 大津宏康, Thamrongsak. S., 幹拓也, 上出定幸：点検結果に基づくグラウンドアンカー工の維持補修計画, 土木学会論文集F, Vol.66, No.1, pp.158-169, 2010.

13) 大津宏康：地盤工学分野における維持管理とアセットマネジメントの取り組み, 地盤工学会誌59（9）, pp.1-5, 2011.

14) 蓑谷千凰彦：よくわかるブラック・ショールズモデル, 東洋経済社, 2000.

15) Bodie, Z. and Merton, R. C.著, 大前恵一郎訳：現代ファイナンス論, ピアソン・エデュケーション, 2001.

16) 高速道路調査会：斜面安定のためのアンカー工の計画・設計に関する研究（その3）報告書, p.253, 1991.

索　引

【欧文】

BCP　　252
BHI　　216
BMS　　35, 215
BOT　　33, 47, 49
BRE　　124, 131
BSI　　20
COSO　　9, 165
COTSモデル　　37
H-BMS　　175
HDM-4　　37, 41, 57
IAM　　36, 252
IIMM　　240
ISO　　20
ISO14000シリーズ　　19
ISO31000　　121
ISO55000シリーズ　　12, 19, 21, 239
ISO9000シリーズ　　19
KYOTO-BMS　　218
LCC　　7, 262
NPM　　10, 143, 168
PAS 55　　20, 253
Pay as you go　　191
Pay as you use　　191
PDCA　　11, 170, 187, 200, 206, 241
PFI　　47, 243, 251
PI　　244
PMS　　35, 39, 211

PoF　　126, 129
PONTIS　　216
PPP　　46, 243, 251
PSA　　135
RBM　　120, 133
VFM　　47, 243

【あ】

アウトカム　　141, 201, 252
アウトカム指標　　142, 187, 201, 205, 251
アウトソーシング　　31, 47, 250
アウトプット　　144
アウトプット指標　　142, 156, 173, 201, 252
アカウンタビリティ　　87
アセット　　2, 22, 24, 53, 164
アセットプロファイル　　82
アセットポートフォリオ　　12, 23, 69, 244
アセットマネジメント　　2, 22, 53, 66, 84, 87, 141, 170, 183, 245
アセットマネジメント・ソフトウェア　　23, 36, 58, 200, 255
アセットマネジメント計画　　25, 30
アセットマネジメント研究所　　36, 252
アセットマネジメントサイクル　　4, 200, 219

279

索　引

アセットマネジメントシステム　4, 8, 22, 25, 141
アセットマネジメント情報システム　23, 36, 58, 199, 215
アセットマネジメントの方針　22, 26
アセットマネジメントの目標　5, 25, 30, 243
アルカリシリカ反応　74, 78
インプット　144
インフラ会計　87
インフラ資産　1, 7, 57, 69, 88, 92, 103
運用　31
英国規格協会　20, 253
塩害　74, 78, 133

【か】

会計システム　89
改善　32
確率的安全性評価　135
完全スモールデータ領域　64
管理会計　91
幾何ブラウン運動過程　273
基準年数法　99
期待寿命　110, 231
期待劣化パス　110, 231, 248
機能的耐用年数　99
共同消費性　88
京都モデル　41, 58, 199
業務管理指標　142
業務評価指標　176
業務プロセス　172, 174, 199, 243
業務プロセス管理　163

橋梁健全度指数　216
橋梁マネジメントシステム　35, 215, 218
切土　265, 271
金融商品取引法　8, 166
繰延維持補修会計　94
計画　30
経済的耐用年数　99
継続的改善　26, 168, 206
減価償却　92, 190
減価償却会計　93
健全性評価　79, 83
健全度　62, 105, 229, 249, 275
公会計　91
工学的リスク　123
更新会計　93
国際インフラマネジメントマニュアル　240
国際標準化機構　20
故障・劣化モード　72
故障確率　126, 129
故障モード　126
コンセッション　47, 48, 49

【さ】

サービス水準　87, 141, 205, 243, 260
サービスレベル　243
最終アウトカム　144
再調達価額　91
最適補修施策　111, 114
残存価額　92
残存寿命　97, 99

280

索　引

支援　26, 30
事業継続計画　252
指数ハザード関数　108
自然災害ハザード　263
取得原価　91
仕様規定　45
状態観察法　101
状態推移確率行列　177, 216, 223, 276
冗長性　131
冗長性係数　131
正味実現可能価額　91
ステークホルダー　29, 146
性能規定　45
性能劣化要因　264, 268
戦略的アセットマネジメント計画　25
組織の状況　29
損傷度　208, 221

【た】

対策工　262, 272
耐用年数　59, 97, 99, 203
中間アウトカム　144
中性化　78, 133
定期点検　69, 75, 173, 197, 219
データベース　56, 61, 67
デジュール標準　39, 67
デファクト標準　16, 39, 67
点検　69, 75
統計的劣化予測モデル　104, 199, 209

【な】

内部統制　9, 165

日常点検　69, 75, 156
日本版SOX法　8, 166
認証取得　19, 50, 254

【は】

排除不可能性　88
ハザード率　108, 229
バスタブ曲線　72, 125
パフォーマンス　62, 82, 141, 164, 208, 244, 252
パフォーマンス曲線　61, 107
パフォーマンス指標　244
パフォーマンス評価　31, 136
ビッグデータ　56, 61, 63
非破壊検査　64, 138
ひび割れ　65, 76, 174, 203, 226
フェールセーフ　131
不完全スモールデータ領域　64
不完全ビッグデータ領域　64
付属設備　263
物理的耐用年数　98
フローチャート型ロジックモデル　146
米国版SOX法　165
ベンチマーキング　206, 210, 232, 255
包括的民間委託　250
法定耐用年数　59, 99
舗装マネジメント　198
舗装マネジメントシステム　35, 39, 211
ボックス型ロジックモデル　145
ポットホール　65, 205, 211

281

索　引

【ま】

マネジメント曲線　63, 107
マネジメントサイクル　169, 171, 199
マネジメントシステム　10, 22, 67, 172
マネジメントシステム規格　19, 255
マルコフ決定モデル　106, 112, 219
マルコフ推移確率　106, 108
マルコフ劣化ハザードモデル　106, 108, 229, 248
マルコフ連鎖モデル　106, 108, 219
メンテナンス工学　64, 104
目視点検　62, 66, 107, 232
目視点検データ　61, 105, 232
盛土　264, 265, 268
モニタリング　66, 71, 136

【や】

要求事項　27, 242
要求水準書　251

【ら】

ライフサイクル費用　7, 59, 103, 115, 205, 262
リーダーシップ　24, 29
力学的劣化予測モデル　104
リスク　31, 119, 121, 123, 245
リスク値　124, 131
リスク管理水準　153
リスククライテリア　128
リスク適正化　154
リスク評価　9, 120, 176, 206
リスクベースメンテナンス　120, 133

リスクマトリックス　125
リスクマネジメント　9, 119, 121, 152, 166
劣化過程　73, 105, 197, 208, 232, 249
劣化曲線　59, 128, 197, 233
劣化原因　75
劣化進行パターン　77
劣化予測　105, 217, 229
劣化予測モデル　103, 198, 208, 219
ロジックモデル　143, 173, 181, 201
路面性状調査　207

【わ】

わだち掘れ　174, 203
割引現在価値　7, 91

執筆者紹介 (執筆順, *編者)

小林　潔司*（こばやし　きよし）　　第1章, 第4章, 第10章
　京都大学経営管理大学院　経営研究センター長・教授

田村　敬一*（たむら　けいいち）　　第2章, 第13章
　京都大学経営管理大学院　特定教授

大島　都江（おおしま　くにえ）　　第3章
　京都大学経営管理大学院　研究員

河野　広隆（かわの　ひろたか）　　第4章, 第5章
　京都大学経営管理大学院長・教授

江尻　良（えじり　りょう）　　第6章, 第11章
　京都大学経営管理大学院　特別教授

貝戸　清之（かいと　きよゆき）　　第7章, 第13章
　大阪大学大学院工学研究科　地球総合工学専攻社会基盤工学コース　准教授

湯山　茂徳（ゆやま　しげのり）　　第8章
　京都大学経営管理大学院　特命教授／日本フィジカルアコースティクス㈱
　代表取締役

坂井　康人（さかい　やすひと）　　第9章, 第10章
　阪神高速道路㈱　神戸管理部　保全管理課長

青木　一也（あおき　かずや）　　第12章
　京都大学経営管理大学院　客員准教授／㈱パスコ　インフラマネジメント部
　副部長

藤木　修（ふじき　おさむ）　　第14章
　京都大学経営管理大学院　特命教授／日本水工設計㈱　東京支社長

大津　宏康（おおつ　ひろやす）　　第15章
　京都大学大学院工学研究科　都市社会工学専攻　教授

実践 インフラ資産のアセットマネジメントの方法

2015年11月30日 初版第1刷発行

編 著	小林　潔司・田村　敬一	
著 者	大島　都江　　河野　広隆	
	江尻　良　　　貝戸　清之	
	湯山　茂徳　　坂井　康人	
	青木　一也　　藤木　修	
	大津　宏康	

検印省略

発行者　柴山斐呂子

発行所

理工図書株式会社

〒102-0082　東京都千代田区一番町27-2
電話 03(3230)0221(代表)
FAX 03(3262)8247
振替口座 00180-3-36087 番
http://www.rikohtosho.co.jp

ⓒ小林潔司　田村敬一　2015年　Printed in Japan
ISBN978-4-8446-0838-7
印刷・製本　丸井工文社

＜日本複製権センター委託出版物＞
*本書を無断で複写複製（コピー）することは、著作権法上の例外を除き、禁じられています。本書をコピーされる場合は、事前に日本複製権センター（電話：03-3401-2382）の許諾を受けてください。
*本書のコピー、スキャン、デジタル化等の無断複製は著作権法上の例外を除き禁じられています。本書を代行業者等の第三者に依頼してスキャンやデジタル化することは、たとえ個人や家庭内の利用でも著作権法違反です。

自然科学書協会会員★工学書協会会員★土木・建築書協会会員